大气科学专业系列教材

天气学实验教程

主编　王亦平

编者　王元　江静

潘益农　唐晓东

南京大学出版社

图书在版编目(CIP)数据

天气学实验教程 / 王亦平主编. —南京：南京大学出版社，2017.6

大气科学专业系列教材

ISBN 978-7-305-17997-6

Ⅰ.① 天… Ⅱ.①王… Ⅲ.①天气学—实验—高等学校—教材 Ⅳ.①P44-33

中国版本图书馆 CIP 数据核字(2016)第 300588 号

出版发行 南京大学出版社
社　　址 南京市汉口路 22 号　　邮　　编 210093
出 版 人 金鑫荣

丛 书 名 大气科学专业系列教材
书　　名 天气学实验教程
主　　编 王亦平
责任编辑 胥橙庭 吴 华　　编辑热线 025-83596997

照　　排 南京理工大学资产经营有限公司
印　　刷 南京大众新科技印刷有限公司
开　　本 787×1092 1/16 印张 9.75 字数 225 千
版　　次 2017 年 6 月第 1 版 2017 年 6 月第 1 次印刷
ISBN 978-7-305-17997-6
定　　价 29.80 元

网　　址：http://www.njupco.com
官方微博：http://weibo.com/njupco
微信服务号：njuyuexue
销售咨询热线：(025)83594756

前　言

自从1816年德国物理学家布兰德斯绘制出世界上第一张天气图后，200多年来，虽然天气预报的方法和探测手段大大地增多了，数值预报、集合统计预报、卫星、雷达等极大地丰富了预报产品，提高了预报准确率，但是天气图的分析预报方法仍然是各级气象台站在短期天气预报中不可缺少的工具之一。

“天气学实验”是大气科学学院的核心课程，其目的是通过本实验教程设计的一系列实验的学习，让学生基本掌握天气图的基本知识和基本分析方法，了解一些基本天气系统（高压、低压、高空槽、副高等）的气象要素特征，掌握高空图上等高线、等温线、高空槽、切变线的分析方法，掌握地面图上等压线、天气现象、冷锋、暖锋等天气系统的分析方法，并熟悉锋面、气旋、寒潮、梅雨、台风等天气系统经常伴随的天气现象，能够把天气学原理、动力气象学课程中所学到的基本原理，灵活运用到对天气图进行天气学和动力学条件的分析。

本书是在大气科学学院多年来的《天气图分析技术讲义》的基础上增加、修订而成的。全书共十二个实验，全书由王亦平老师主编，王元教授、江静教授参与实验一至实验六的编写，潘益农副教授、唐晓东副教授分别参与实验七至实验十二的编写。

本书在编写过程中，学校领导给予了校级重点资助，大气科学学院领导给予了极大的关心和帮助，在此表示衷心的感谢。最后，由于编者的精力和水平有限，书中不可避免会出现错误和不当之处，恳请读者不吝批评指正。

编著者

2017年4月于南京

目 录

实验一

地面天气图初步分析

天气图是气象台站分析天气形势、制作天气预报的基本工具之一。天气图是一张填有世界各地气象站在统一时间观测到的气象资料的特种地图，它描述了某一时刻某一区域实况天气的分布。如果对连续多张天气图进行分析和研究，就可以发现天气实况及其天气系统演变发展的规律。

因为天气现象是发生在三维空间里的，因此单凭一张平面天气图来分析天气，显然是不够的。为了详细分析气象要素在三维空间里的实况，在日常业务工作中，除了绘制地面天气图(简称地面图)外，还要绘制等压面图(简称高空图)，以及剖面图、单站高空风分析图、温度-对数压力图等辅助图表。

根据天气图上的气象观测资料，分析各种天气现象和天气系统的演变过程，运用天气学原理，研究过去天气系统的发生、发展规律，中低纬天气系统之间的相互作用，上下层天气系统的相互作用，从而对未来的天气形势演变作出正确的预测后，才有可能对未来的气象要素作出正确的预报。

§1.1　天气图底图

天气图底图是用来填写各地气象台(站)观测资料的特制空白地图，或简称底图。底图上标绘有经纬度、海陆分布、地形等，并采用适当的颜色表示出陆地、海洋、地势及主要河流、湖泊的分布，以便分析时考虑下垫面对天气的影响。底图上还标有气象站的区号、站号和站圈以及主要城市名称，供填图和预报时使用。底图上的范围和比例尺的大小主要根据天气分析的内容、预报时效、季节和地区等而定。此外，在图的下方(或上方)还标有天气图的种类、所采用的地图投影方法、比例尺和高度表等。本节将简单地介绍天气图底图投影的有关知识。

1.1.1　地图的投影

地球是一个椭球体，长轴半径长 6 378.2 km，短轴半径长 6 356.9 km，相差 0.3%，可以近似地看成圆球体，将地球上的经、纬线及海陆地块等地球表面情况在平面上表示出来的方法叫作地图投影法。在地图投影中，通常按照正形、等面积和正向三个方面的要求来选择地图投影法。

任何一种地图投影法，不可能既保持形状的正确，又保持面积的正确。在天气图分析中，主要要求保持图形形状和方向的正确，即满足正形、正向的要求，使图上所填的风向和所显示的气压系统的形状及移动方向符合实际情况。

天气图底图常用的地图投影法有兰勃特正形圆锥投影法、麦卡托圆柱投影法和极射赤面投影法三种。

一、兰勃特(Lambert)正形圆锥投影

兰勃特正形圆锥投影是在圆锥投影的基础上经过改进而得到的。圆锥投影法是将平面图纸卷成圆锥形,使圆锥的轴和地球仪极轴重合,圆锥面与地球仪的30°和60°纬圈相割,光源置于地球仪中心,将地表投影到圆锥面上(图1-1(a))。天气图使用的圆锥投影,经过了适当的修正,使同一点上经向和纬向的放缩率相同,称之为兰勃特正形圆锥投影,这种投影法,在中纬地区误差较小,是我国广泛采用的一种天气图底图(图1-1(b))。

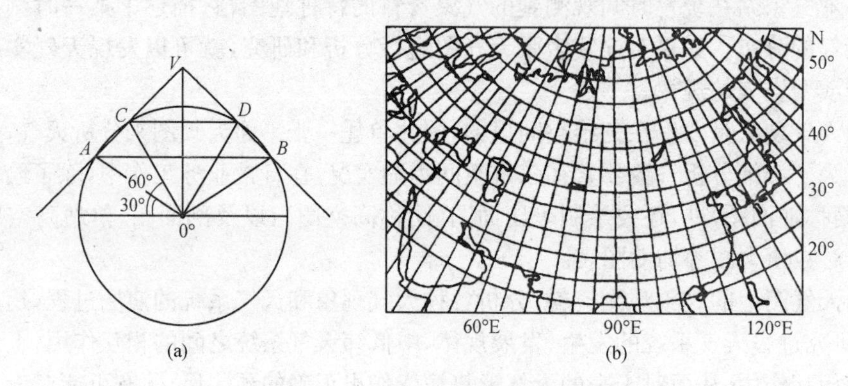

图1-1　兰勃特正形圆锥投影法

二、麦卡托(Mercator)圆柱投影

麦卡托圆柱投影是在圆柱投影的基础上经过改进而得到的。圆柱投影法是将平面图纸卷成圆柱形,使圆柱的轴与地球仪极轴相重合,圆柱面与地球仪赤道相切,或与地球仪相割于某两标准纬圈,光源置于地球仪中心,将球面各点投影到圆柱面上(图1-2(a)),然后将圆柱面展开即可得到圆柱投影图。经过修正后的麦卡托投影,为满足正形要求,每一点上经向和纬向的放缩率相等,标准纬圈是南北纬22.5°。投影图的经线和纬线都是直线,且相交成直角,如图1-2(b)所示。赤道和低纬地区的天气图底图大多采用此种投影法。

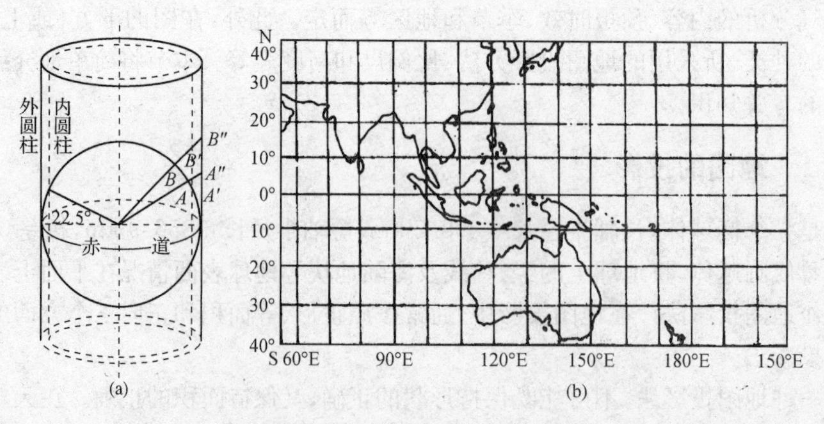

图1-2　麦卡托圆柱投影法

三、极射赤面投影

极射赤面投影是将光源放在地球仪的南极，把地球表面上各点投影在北极的切平面 TG 或 60°N 的割平面 $T'G'$ 上(图 1－3(a))。用此投影法得到的图形见图 1－3(b)，其经线为放射状直线，纬线为同心圆，经纬线相交成直角，能满足正形和正向的要求，一般高纬地区及南、北半球的天气图底图多采用这种投影法。

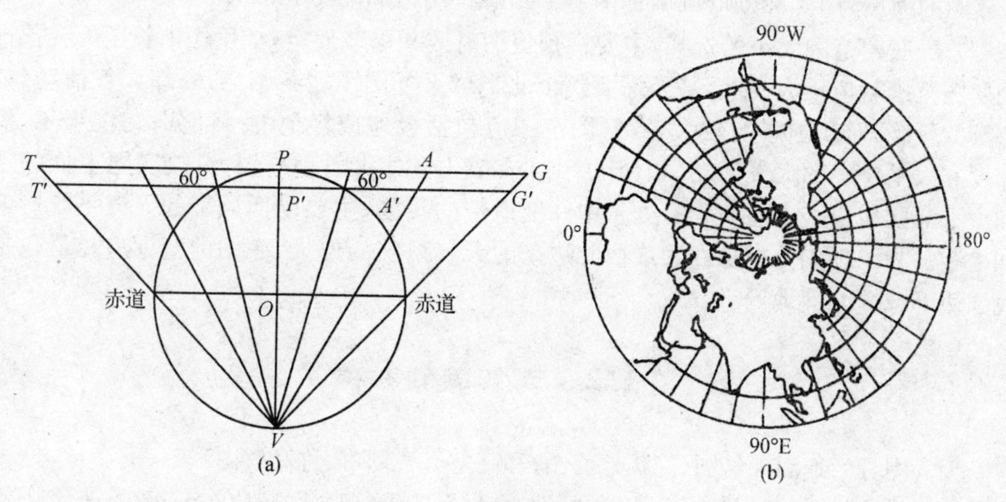

图 1－3　极射赤面投影法

1.1.2　地图比例尺

地图上两点之间的长度与地表上相应两点之间的实际长度之比，叫作比例尺，或称缩尺。其表示法主要有以下三种：

(1) 比例尺式。如 1∶10 000 000，即地图上的 1 cm 相当于实际 100 km。

(2) 图解式。即为 0　100　200　300 km

(3) 斜式图解尺或称复式图解尺，如图 1－4 所示。

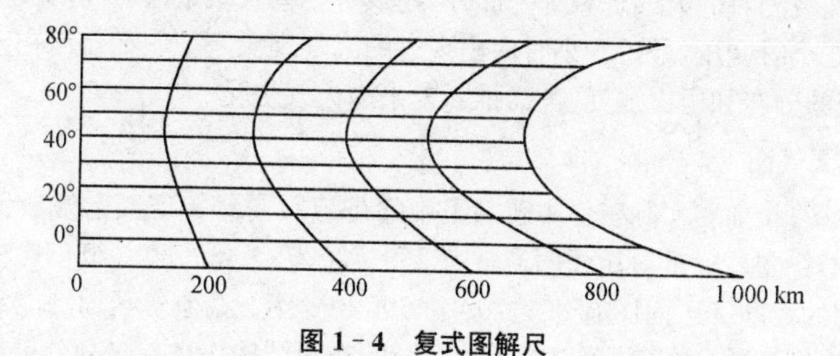

图 1－4　复式图解尺

由于兰勃特正形圆锥投影图在各纬度上放大率是不同的，故需用复式图解尺表示其缩尺。其特点就是对不同的纬度用不同的缩尺表示，使用时必须注意与纬度配合，才能正确表示出实际距离。

在我国常用的天气图上有时同时用(1)和(2)两种表示法标出。

天气图底图缩尺的大小与所要分析的天气客体的规模和底图范围有关。小缩尺的底图适宜于研究大规模的天气客体,大缩尺的底图只适宜于研究规模小的天气客体。对于我们研究大规模的天气客体来说,地图缩尺一般为千万分之一到几千万分之一。

我国目前所用的东亚天气图的缩尺为1∶10 000 000,即图上的1 cm相当于实际100 km;欧亚天气图的缩尺为1∶20 000 000,即图上的1 cm相当于实际200 km;北半球天气图的缩尺为1∶30 000 000,即图上1 cm相当于实际300 km。

关于底图范围大小的选择,主要视预报的时效和季节而定,如用作中长期天气预报的底图范围就应该大一些,甚至需要整个北半球天气图。在冬半年,高纬大气活动(如寒潮的侵袭)对我国影响较大,故底图范围应包括极地或极地的一部分;在夏半年,低纬度和太平洋上的大气活动(如台风、副热带高压)对我国影响较大,故底图上低纬度和太平洋区域应多占些面积。处于中纬度地带的我国,主要受西风带的天气系统影响和控制。为了预先分析从西边或西北边来的天气系统的侵入,底图的范围应尽量包括我国西部或西北部地区。

§1.2　天气图的种类

天气图分为地面天气图(简称地面图)和高空天气图(简称高空图)。

为了能表示同一时刻大气运动的特性,全世界的气象观测站都在统一时间进行观测。按照国际规定,地面天气图有00、06、12、18时(世界时,格林威治时间),北京时为08、14、20、02时,即每6小时一张图。高空图有00、12时(世界时),北京时为08、20时,即每12小时一张图。除此之外,各地区还可以根据需要进行定时气象观测以外的观测,如二次定时观测之间的天气辅助观测、航线观测等。

一、地面天气图

地面图是天气分析和预报业务中最基本的天气图。图上除了填有地面的气温、露点、风向、风速、水平能见度和海平面气压等观测记录外,还填写有一部分高空气象要素的观测记录,如云和观测时的天气现象等。此外,还填有一些反映最近时间内气象要素变化趋势的记录,如三小时变压,最近6小时内出现过的天气现象等。它的作用在于分析天气及地面天气系统的分布和历史演变,进而推断未来的天气变化。

二、高空天气图

高空天气图,目前在实际工作中普遍采用的是填写同一等压面上气象记录的等压面图,称为绝对形势图。标准等压面图通常有850、700、500、400、300、200和100 hPa七层,气象台最常用的标准等压面图有850、700和500 hPa图。高空等压面图能清楚地反映出高空高度场、温度场的分布,还可以对天气系统的空间结构作进一步的分析研究,因此,它是日常工作中的一种基本天气图。

三、辅助天气图

在实际工作中,除应用地面图和高空图外,还有各种辅助图,用以显示天气过程的各个不同侧面。辅助图可分为两大类:① 地面辅助图,如天气实况演变图、危险天气现象

图、变压图、变温图和降水图等；② 高空辅助图，如流线图、等熵面图、变高图、温度对数压力图等。可根据工作需要选用辅助图。

§1.3　地面天气图的分析

地面图是天气分析和预报业务中最基本的天气图，它填有地面各种气象要素和天气现象，如气温、露点、风向、风速、水平能见度和海平面气压和雨、雪、雾等观测记录外，还填写有一部分空中气象要素的观测记录，如云高、云状等；既有一些能反映短期内天气演变实况及趋势的记录，如三小时变压、最近 6 小时内出现过的天气现象、气压倾向等。它的作用在于分析天气及地面天气系统的分布和历史演变，进而推断未来的天气变化。

将地面等气象要素按照统一的格式（图 1－5）填写到天气图底图上就构成地面天气图。

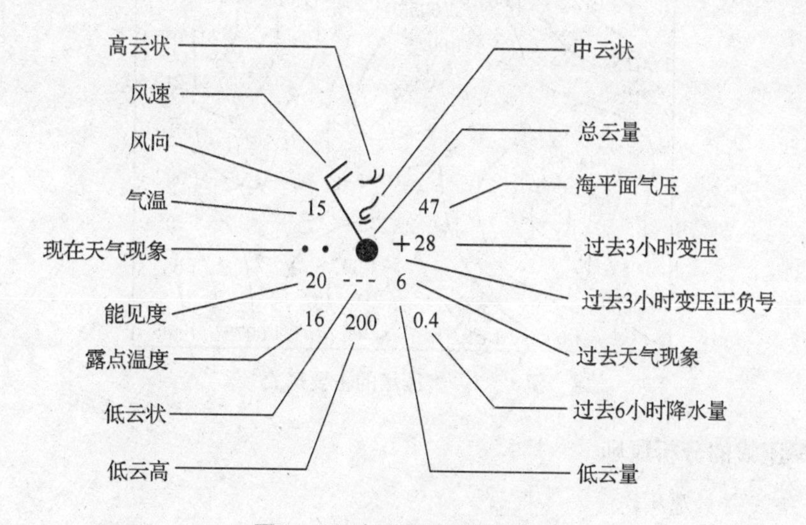

图 1－5　地面天气图填图格式

地面天气图的分析项目通常包括海平面气压场、三小时变压场、天气现象和锋面等。

1.3.1　等压线的分析

气压的分布称为气压场。海平面上的气压分布称为海平面气压场。空间等压面与某一平面的交线称为该平面上的等压线，如空间等压面与海平面的交线就称为海平面等压线（图 1－6）。对海平面气压场的分析就是在地面图上绘制等压线，即将气压数值相同的各点连接成曲线。

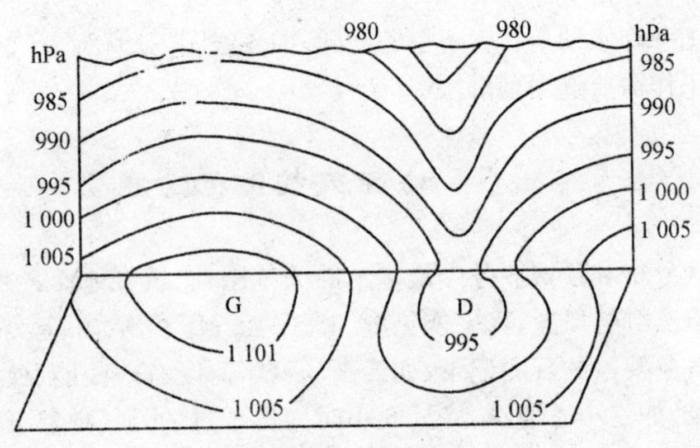

图 1-6　等压线

气压场的主要形式有高压、低压、高压脊、低压槽和鞍形场(图 1-7)。

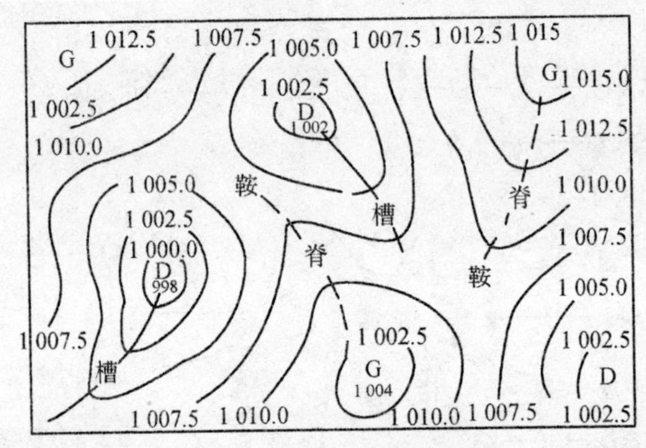

图 1-7　气压场的主要形式

一、等压线的分析原则

1. 等值线分析原则

等压线的分析,必须遵循以下等值线分析原则:

(1) 等值线按实际记录用内插法画出,在同一等值线上该要素必须处处相等。

(2) 等值线一侧的数值必须高于或低于另一侧的数值。这就是说,一条等值线应在一个高于该等值线数值的测站和低于该等值线数值的测站之间通过,而不能在两个都高于或低于该等值线数值的测站之间通过。

(3) 等值线之间的数值间隔必须相等。因此,等值线不能相交、不能分支、不能在图中中断,应该起止于图的边缘或在图中闭合。在高值区和低值区之间,相邻等值线的数值顺序递减,两者只差一个间隔;在两个高值区和两个低值区之间,两条相邻的等值线的数值必须相等。

2. 地转风定律

等压线的分析,还要遵循地转风关系。根据地转风公式

$$\mathbf{V}_g = \frac{1}{f\rho}\mathbf{K} \wedge \nabla_h P$$

可知，等压（高）线必须与风向平行。在北半球，观测者“背风而立，低压在左，高压在右”；南半球相反。但由于地面摩擦作用（图 1-8），风向和等压线有一定的交角，风从等压线的高压一侧吹向低压一侧。在山区或高原地区，在海上交角一般小些，约 15°，在陆地平原地区为 30°左右，由于地形复杂，常常不遵循地转风原则。

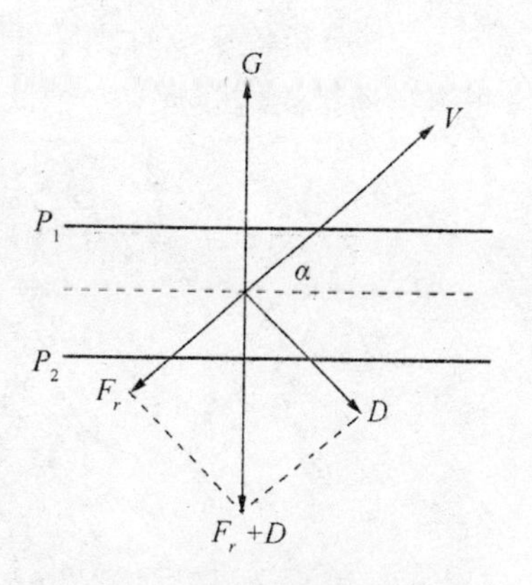

图 1-8　地面摩擦作用示意图

二、绘制等压线的技术规定

（1）等压线用黑色实线绘制。在亚洲、东亚、中国区域地面天气图上，等压线每隔 2.5 hPa 分析一根，规定画…，997.5，1 000.0，1 002.5，1 005.0 hPa，…其余以此类推。在北半球、亚欧地面天气图上，则每隔 5 hPa 分析一根，规定绘制…，1 000.0，1 005，1 010 hPa，…其余以此类推。

（2）等压线应尽可能画至图边或在图中闭合起来，并将各条等压线排列整齐，落在一定的经线或纬线上。在闭合等压线的正北方开口处或非闭合等压线的两端标注该等压线的全部百帕数，数值应与当地纬线方向平行。

（3）高、低压中心的标注。在高压、低压及台风中心分别标注蓝色“G”，红色“D”和“6”字样。“G”“D”和“6”字样要标注在反气旋、气旋环流中心的位置。当风速≤4 m/s且高低压中心的环流不清楚时，可将高、低压中心的位置标注在闭合等压线的几何中心。国际上在高压中心、低压中心分别标注蓝色“H”和红色“L”。符号应标注鲜明，突出醒目，与当地纬线方向平行。热带风暴、强热带风暴中心（即中心大于风速 8 级、小于 12 级时标注红色“6”，当台风（热带）中心风速≥12 级时标注红色“●”。

（4）高、低压中心强度的标注。在气压系统中心，“G”“D”和“6”下方标注高压、低压或台风中心强度，即根据可靠的气压观测记录的中心数值，用黑色铅笔标注出全部百帕数的整数部分。低压中心强度用最低的气压值略去小数标注，如 1 005.8 hPa 标注为1 005；高压中心强度用最高的气压值，将小数进为整数后标注，如 1 022.1 hPa 应标注为 1 023。

（5）等压线的加粗。一般来讲，等压线中，…，990，1 000，1 010，1 020，…线条用 4B 铅笔画，为加粗的线条，其余的等压线用 2B 或 HB 铅笔画。

（6）错误的记录，在图上不得涂抹。舍弃不用时，可在图上用黑铅笔在错误记录上画一反斜线。当错误记录能加以改正时，则应在其近旁用黑铅笔填上改正后的记录。

三、绘制等压线的注意事项

（1）等压线应分析得光滑一些，除非有可靠的记录，否则应避免不规则的小弯曲和突然的曲折（通过锋面例外）。等压线的分布从疏到密，或从平直到弯曲之间的变化，必须逐渐过渡。

（2）相邻两站间气压变化比较均匀时，等压线的位置可用内插法确定。在风速大的地区，等压线可分析得密集一些；在风速小的地区，等压线可分析得稀疏一些。

（3）两条数值相等的等压线，要尽量避免互相平行且它们之间的距离很短。

(4) 分析等压线时要尽可能参考风的记录。图 1－9(a)因为没有参考风的记录，结果把鞍形场错误地分析成一个低压区。其正确的分析应如图 1－9(b)所示。

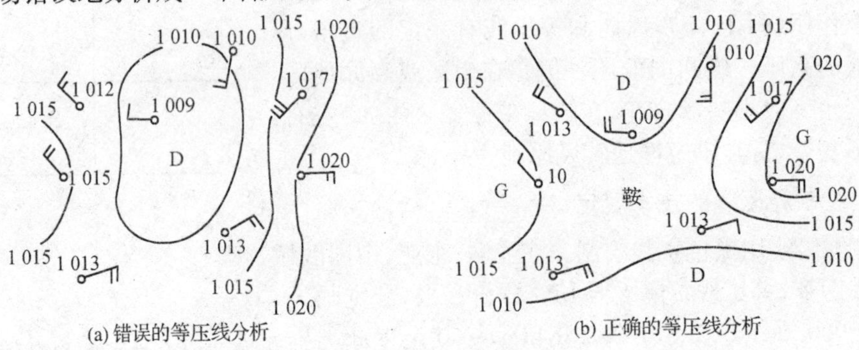

图 1－9　等压线分析

(5) 等压线通过锋面时，必须有明显的折角，或为气旋性曲率的突然增加，而折角指向高压一侧。图 1－10 为等压线通过锋面时的几种常见形式（书最后有包括图 1－10 在内的彩图，读者可以看得更清晰）。

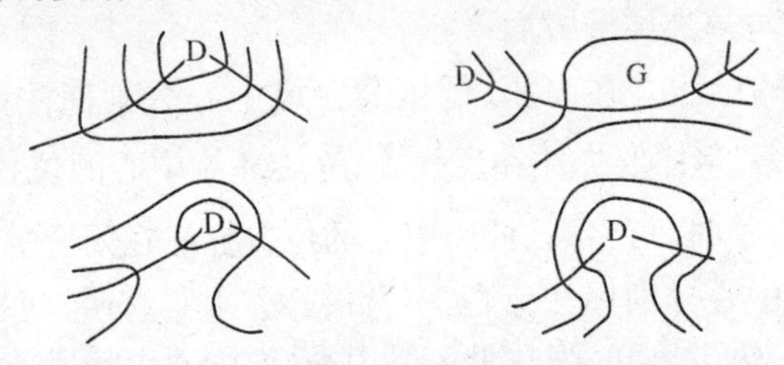

图 1－10　等压线通过锋面的几种正确画法

四、地形等压线的分析

平原地区的等压线通常是平滑的，分布也比较均匀。但在山区，常因冷空气在山的迎风面堆积，气压较高，造成山脉两侧水平气压梯度很大，等压线异常密集。为了表明这种密集现象是由于地形引起的，将这里的等压线画成锯齿形(图 1－11)，称它为地形等压线。

我国天山、祁连山、长白山和台湾等地常可分析地形等压线。图 1－12 为天山附近地形等压线示意图。

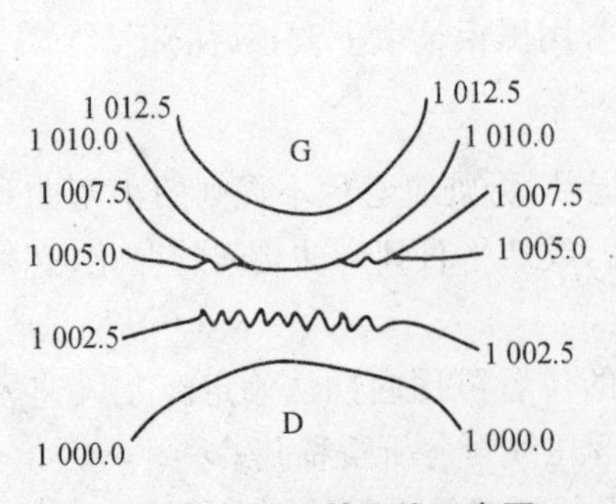

图 1－11　地形等压线示意图

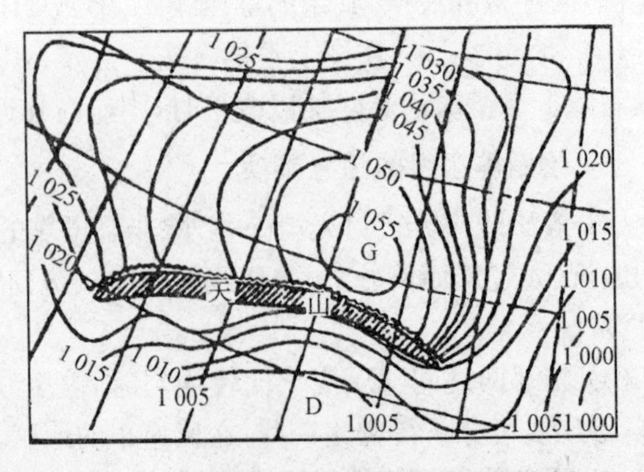

图 1－12　我国天山附近地形等压线实例

地形等压线的分析必须注意：

(1) 当等压线很密集时，可将若干条等压线合并成一条或几条波状线表示，但几条等压线不能相交于一点，而应进出有序，两端条数相等。

(2) 地形等压线通常应分析在山脉冷空气堆积的一侧，并与山脉平行，不能横穿山脉或分析在背风坡一侧。

五、气压场的基本形式

等压线分析所显示出来的气压场有五种基本形式，如图 1－13 所示。任一张天气图都是出这五种基本形式构成的。

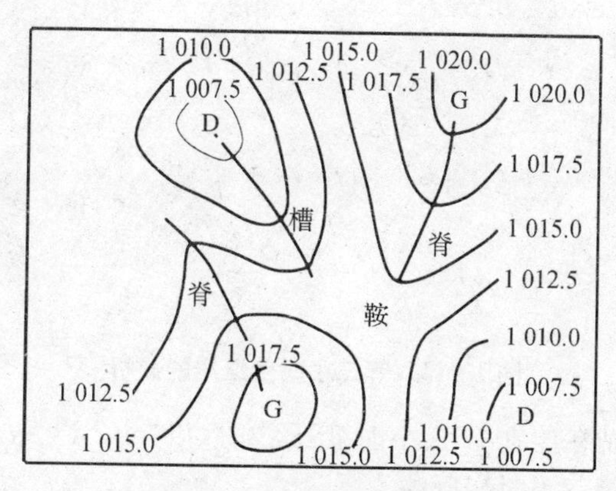

图 1－13　海平面气压场

(1) 低压。由闭合等压线构成的低气压区，气压从中心向外增大，其附近空间等压面类似下凹的盆地。

(2) 高压。由闭合等压线构成的高压区，气压从中心向外减小，其附近空间等压面类似上凸的山丘。

(3) 低压槽。从低压区中延伸出来的狭长区域叫作低压槽(简称槽)。槽中的气压值较两侧的气压要低，槽附近的空间等压面类似于地形中的山谷。常见的低压槽一般从北向南伸展，从南伸向北的槽称为倒槽，从东伸向西的槽称为横槽。槽中各条等压线弯曲最大处的连线称为槽线，但地面图上一般不分析槽线。

(4) 高压脊。从高压区延伸出来的狭长区域叫作高压脊(简称脊)。脊中的气压值较两侧的要高。脊附近的空间等压面类似地形中的山脊。脊中各条等压线弯曲最大处的连线称为脊线，但一般不分析脊线。

(5) 鞍形气压场。两个高气压和两个低气压交错相对的中间区域称为鞍形气压场(简称鞍形场或鞍形区)。其附近的空间等压面的形状类似马鞍形状。

1.3.2　等三小时变压线

三小时内的气压变化 ΔP_3 反映了气压场最近的改变状况，使预报员能从动态中观察气压系统的变化。等三小时变压线是确定锋的位置、分析和判断气压系统及锋面未来变化的重要依据。

(1) 等三小时变压线的分析遵循等值线分析原则。

(2) 绘制等三小时变压线的技术规定。

① 等三小时变压线用黑色铅笔(或蓝色钢笔)画细短划线,其间隔一般为 1 hPa。

② 在闭合等变压线的正北方和非闭合等变压线的两端标注等变压线的百帕数,并标正负号。正变压中心用蓝色注明"+",负变压中心用红色标注"-",并在"+""-"后用相应的蓝色和红色标出最大变压数值,标到小数点后一位,如图 1-14 所示。

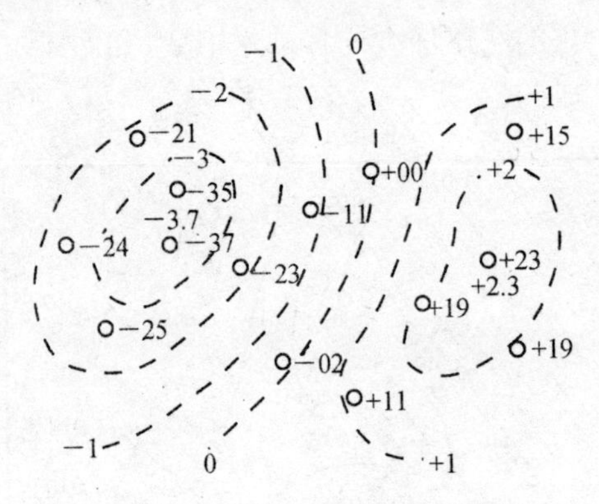

图 1-14 等三小时变压线的分析

目前,实际气象台站在绘制等三小时变压线时,以"+2,+4,+6,…"和"-3,-6,-9,…"的间隔来分析等三小时变压中心。

1.3.3 天气现象的分析

各种天气现象在地面天气图上的填图符号如表 1-1 所示。按规定,在地面天气图上主要分析降水、雾、大风和沙暴三类天气区(表 1-2)。

表 1-1 天气现象填图符号及电码说明表

WW	0		1		2		3		4	
00										烟
10		轻雾		散片浅雾		浅雾		闪电		视区内有降水未及地
20		观测前有毛毛雨		观测前有雨		观测前有雪		观测前有雨夹雪		观测前有毛毛雨或雨
30		沙(尘)暴减弱		沙(尘)暴无大变化		沙(尘)暴加强		强沙(尘)暴减弱		强沙(尘)暴无大变化
40		近区有雾		散片的雾		天顶可辨雾渐减弱		天顶不可辨雾渐减弱		天顶可辨雾无大的变化

续表

WW	0		1		2		3		4	
50	,	间歇性轻毛毛雨	,,	连续性轻毛毛雨		间歇性毛毛雨		连续性毛毛雨		间歇性浓毛毛雨
60	•	间歇性小雨	••	连续性小雨		间歇性中雨		连续性中雨		间歇性大雨
70	*	间歇性小雪	**	连续性小雪		间歇性中雪		连续性中雪		间歇性大雪
80		小阵雨		中阵雨		大阵雨		小阵性雨夹雪		中或大阵性雨夹雪
90		中或大冰雹		观测前有雷暴观测时有小雨		观测前有雷暴观测时有中或大雨		观测前有雷暴观测时有小雪或雨夹雪或霰冰雹		观测前有雷暴观测时有中或大雪或雨夹雪或雹霰

WW	5		6		7		8		9	
00	∞	霾	S	浮尘	$	扬沙或尘土		视区内有尘卷风		视区内有沙(尘)暴
10		视区内有降水在五公里外	(•)	视区内有降水已及地		雷暴		飑		龙卷
20		观测前有阵雨		观测前有阵雪或阵雨夹雪		观测前有冰雹或霰(或伴有雨)		观测前有雾		观测前有雷暴(或伴有降水)
30		强沙(尘)暴加强		弱低吹雪		强低吹雪		弱高吹雪		强高吹雪
40	≡	天顶不可辨雾无大的变化		天顶可辨雾变浓		天顶不可辨雾变浓		天顶可辨雾并有雾凇		天顶不可辨雾并有雾凇
50		连续性浓毛毛雨		轻毛毛雨并有雨凇		中或浓毛毛雨并有雨凇		轻毛毛雨夹雨		中或浓毛毛雨夹雨
60		连续性大雨		小雨并有雨凇		中或大雨并有雨凇		小雨夹雪(或轻毛毛雨夹雪)		中或大雨夹雪(或中浓毛毛雨夹雪)

续表

WW	5		6		7		8		9	
70		连续性大雪	↔	冰针(或伴有雾)		米雪(或伴有雾)		孤立的星状雪晶(或伴有雾)		冰粒
80		小阵雪		中或大阵雪		小阵性霰或伴有雨或雨夹雪		中或大阵性霰或伴有雨或雨夹雪		小冰雹或伴有雨或雨夹雪
90		观测时有雷暴伴有雨或雪或雨夹雪		观测时有雷暴和冰雹或霰		观测时有大雷暴和雨或雪或雨夹雪		观测时有雷暴和沙(尘)暴和降水		观测时有大雷暴和冰雹或霰

表 1-2 天气区的分析方法

天气	成片的	零星的	颜色
连续性降水		, *	绿色
间歇性降水		, *	绿色
阵性降水			绿色
雷阵雨			红色
雾			黄色
沙(尘)暴			棕色
吹雪			绿色
大风			棕色

对于两个测站以上的成片天气区，按下列方法分析：

一、降水类

用绿色铅笔勾出降水区范围。连续性降水在区域内轻涂绿色，间歇性降水在区域内轻画绿色斜线；颜色应涂画均匀，不影响辨别记录，大片的天气区 应中间淡、边缘略深。

间歇性降水区的斜线应与纬度线交角为45°，斜线的走向应为NE－SW向。

雷雨或冰雹等特殊性质的降水，需用红色标注几个相应的填图符号。上述规定包括表1－1内的现在天气(WW)电码，50－75、77、79－99。用紫色铅笔细实线画等降水量线，间隔为5、25、50和100 mm，朝北开口，标注上等雨量线值。"T"表示降水量为0.0 mm。

二、雾类

用浅黄色铅笔勾出雾区范围，包括表1－1中电码中的41－49；在雾区内轻画浅黄色雾符号。

三、沙暴大风类

用棕色铅笔勾出沙暴大风区范围，包括现在天气电码中的30－35和风速≥12 m/s的区域。在区域内加注几个沙暴和大风的符号。大风符号的风向应与大风区内盛行风向一致。

对于单个测站的降水、雾、大风和沙暴，则均在该测站旁标注相应的填图符号，而不需要勾画范围线。

地面图上云状对应的电码、符号见表1－3。

表1－3　云状的符号

电码	符号	低云状	符号	中云状	符号	高云状	
0	不填	没有低云	不填	没有中云	不填	没有高云	
1		淡积云		透光高层云		毛卷云	
2		浓积云		蔽光高层云或雨层云		密卷云	
3		秃积雨云		透光高积云		伪卷云	
4		积云性层积云		荚状高积云		钩卷云	
5		普通层积云		系统发展的辐辏状高积云		卷层云	云层高度角小于45°
6		层云或碎层云		积云性高积云		卷层云	云层高度角大于45°
7		碎雨云		复高积云或蔽光高积云		卷层云	云层布满全天
8		不同高度的积云和层积云		堡状或絮状高积云		卷层云	云量不增加也没有布满全天
9		聚积雨云或砧状积雨云		混乱天空的高积云		卷积云	

地面图上总云量N的表示方法见表1－4。

表 1-4　N 总云量的符号及说明

电码	0	1	2	3	4	5	6	7	8	9
符号										
总云量	无云	1 或小于 1	2～3	4	5	6	7～8	9～10	10	不明

风向的十六方位如图 1-15 所示。

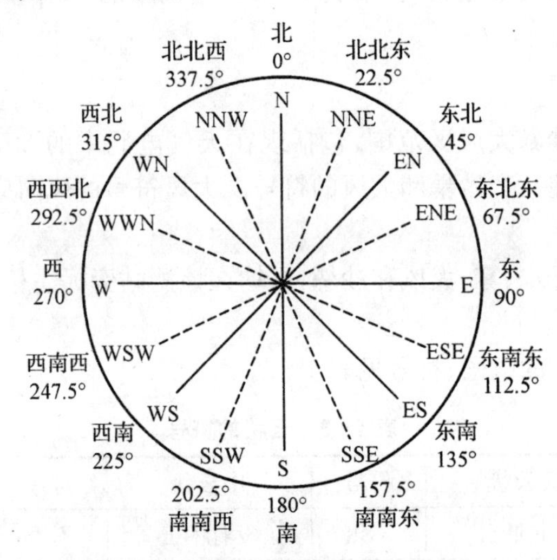

图 1-15　风向的十六方位

单独的一根杆表示 1 m/s，一短横表示 2 m/s，一长横表示 4 m/s，三角旗表示20 m/s，总风速为风速杆的累计值。地面图上 2 m/s、4 m/s 和 20 m/s 的填写方式见图 1-16。

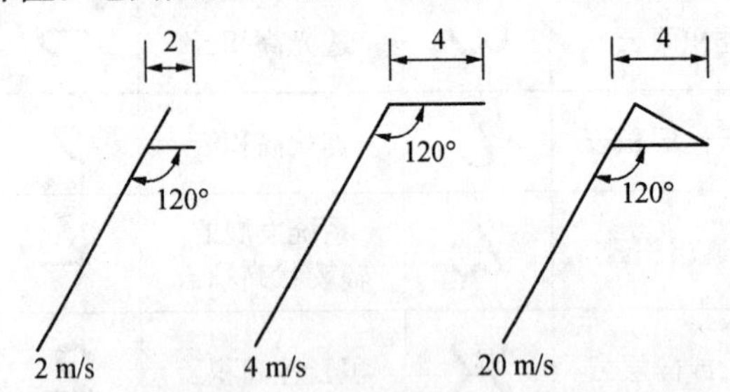

图 1-16　地面图上 2 m/s、4 m/s 和 20 m/s 的填写方式

地面图上风力等级、对应名称和相当风速见表 1-5。

表 1-5　风力等级表

等级	名称	相当风速	
		速度/(km/h)	速度/(m/s)
0	静风	小于 1	0～0.2
1	软风	1～5	0.3～1.5

续表

等级	名称	相当风速	
		速度/(km/h)	速度/(m/s)
2	轻风	6～11	1.6～3.3
3	微风	12～19	3.4～5.4
4	和风	20～28	5.5～7.9
5	轻劲风	29～38	8.0～10.7
6	强风	39～49	10.8～13.8
7	疾风	50～61	13.9～17.1
8	大风	62～74	17.2～20.7
9	烈风	75～88	20.8～24.4
10	狂风	89～102	24.5～28.4
11	暴风	103～117	28.5～32.6
12	飓风	118～133	32.7～36.9
13		134～149	37.0～41.4
14		150～166	41.5～46.1
15		167～183	46.2～50.9
16		184～201	51.0～56.0
17		202～220	56.1～61.2

实习一　地面天气图初步分析

一、目的和要求

(1) 了解地面天气图的填写格式，熟悉各种填图符号的意义，为进行天气图分析奠定基础。

(2) 了解地面天气图分析内容，基本上掌握各种等值线分析的基本原则和技术规定。初步了解气压场的基本形势、气压场和风场的配合、气压场和天气的配置。

二、实习内容

(1) 地面天气图符号的释意。

(2) 等值线的初步分析。

(3) 气压场、变压场和天气区的分析与配置。

三、实习资料

(1) 地面天气图符号释意表一张。

(2) 等压线、等三小时变压线初步分析 1、2、3、4。

实验一分析要点讲解

1. 等压线分析 1

图 1 - 17 等压线分析 1 中曲线带黑色三角(图 1 - 17)表示冷锋,这是印刷标志,实际分析地面天气图时,冷锋用蓝色铅笔画;图中曲线带黑色半圆符号(图 1 - 17)表示暖锋,这是印刷标志,实际分析地面天气图时,暖锋用红色铅笔画。

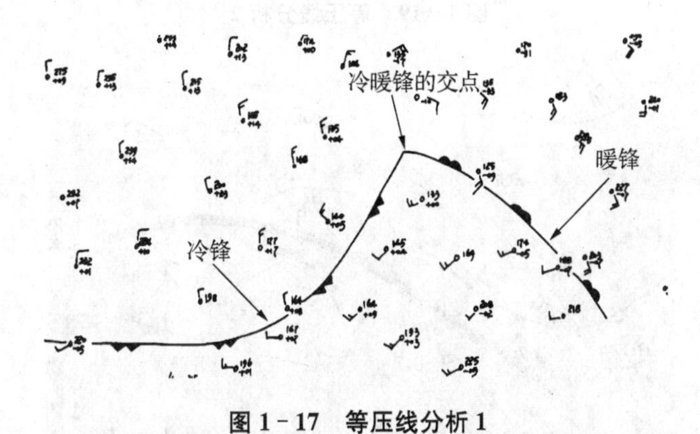

图 1 - 17　等压线分析 1

一般来说,冷锋与暖锋的交点为低压中心,所以低压符号“D”一定要标在冷锋与暖锋的交点上(图 1 - 18 等压线分析 1 中的低压符号“D”的标注方法)。

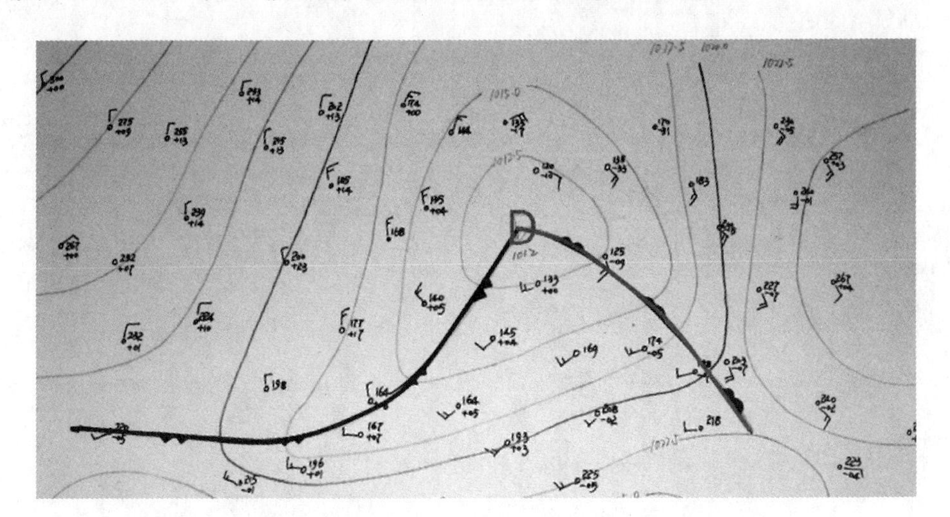

图 1 - 18　等压线分析 1 中的低压符号“D”的标注方法

2. 等压线分析 2

在图 1 - 19 所示的等压线分析 2 上,根据气压场和风场的分布,在华南地区有一静止锋(图 1 - 19),因为不是彩色印刷,所以该图上静止锋的仍用黑色曲线,两侧有符号,在实际工作中,分析静止锋时,用红蓝复合线表示,并且红线在北侧,蓝线在南侧(图 1 - 20 等压线分析 2 中的静止锋的标注方法）。

图 1-19　等压线分析 2

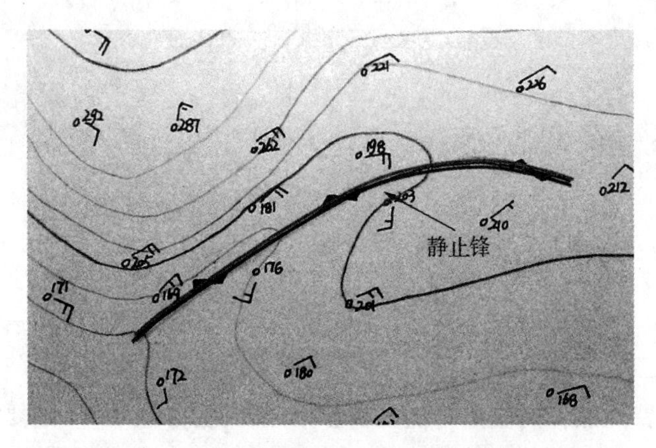

图 1-20　等压线分析 2 中的静止锋的标注方法

实验二

等压面初步分析

§2.1　高空等压面图的分析

为了全面认识和掌握天气系统的变化规律，除了要分析地面天气图外，还要分析高空天气图，即填有某一等压面上气象资料的等压面图。目前，在实际工作中普遍采用的是填写同一等压面上气象记录的等压面图，称为绝对形势图。标准等压面图通常有 850、700、500、400、300、200 和 100 hPa 七层。气象台最常用的标准等压面图有 850、700 和500 hPa 图。高空等压面图能清楚地反映高空高度场、温度场的分布，还可以对天气系统的空间结构作进一步的分析研究。因此，它是日常工作中的一种基本天气图。

2.1.1　等高线

不同等高面与同一等压面相交就得到该等压面上的等高线（图 2－1）。在等压面图上分析等高线，即将位势高度数值相同的各点连接成曲线。

高空等压面图的填写格式如图 2－2 所示。

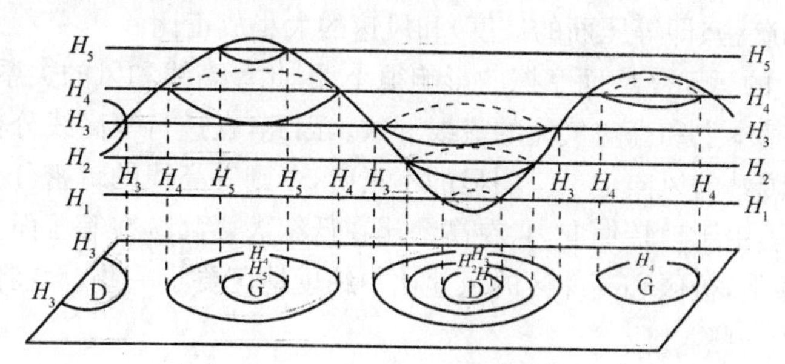

图 2－1　等压面与等高线

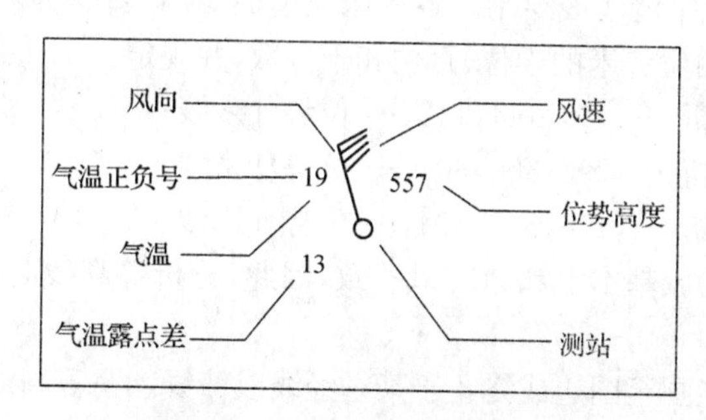

图 2－2　高空图的填写格式

从图 2-1 中可以看出，和等压面凸起部位相应的是一组闭合等高线构成的高值区，高度值由中心向外递减；和等压面下凹部位相应的是一组闭合等高线构成的低值区，高度值由中心向外递增。

从图 2-1 中还可以看出，等高线的疏密同等压面的陡缓相应。等压面陡峭的地方，相应等高线密集；等压面平缓的地方，相应的等高线就比较稀疏。

既然等高面上的气压分布与等压面上的高度分布相当，那么为什么不像地面图那样，用各个等高面的气压分布图来反映空间气压场的情况呢？这是因为，在天气分析中，用等压面图比用等高面图更优越。

我们日常分析的等压面绝对形势图(常用 AT 图表示)有以下几种：

850 hPa 等压面图(AT850 图)，其位势高度通常为 1 500 gpm 左右。

700 hPa 等压面图(AT700 图)，其位势高度通常为 3 000 gpm 左右。

500 hPa 等压面图(AT500 图)，其位势高度通常为 5 500 gpm 左右。

300 hPa 等压面图(AT300 图)，其位势高度通常为 9 000 gpm 左右。

200 hPa 等压面图(AT200 图)，其位势高度通常为 12 000 gpm 左右。

100 hPa 等压面图(AT100 图)，其位势高度通常为 16 000 gpm 左右。

等高线分析的原则与等压线相同。

因为等压面的形势可以反映出等压面的附近气压场的形势，而等高线的高(低)值区对应于高(低)压区，因此，等压面上风与等高线的关系，和等高面上风与等压线的关系一样，适合地转风关系。由此可知，分析等高线时，同样需要遵循下述规则：

(1) 等高线的走向和风向平行，在北半球，背风而立，高值区(高压)在右，低值区(低压)在左；

(2) 等高线的疏密(即等压面的坡度)和风速的大小成正比。

因为高空空气的运动受地面摩擦的影响很小，因此等高线和风的关系，与地转风关系非常接近，等高线基本上和高空气流的流线一致。因此，在进行等高线分析时要特别重视流场的情况，除非测站的风向记录是明显的不正确，否则等高线的疏密分布都必须和风速大小成比例。但是，由于地转偏向力，在高纬比在低纬大，因此，在等压面上同样的高度梯度(即同样的坡度)下，极区和高纬区的风速比中纬度地区要小一些，而在低纬地区风速要比中纬度地区要大一些。

等高线分析的技术规定及注意事项：

(1) 等高线用黑色平滑实线绘制。各等压面上的等高线均每隔 40 gpm 画一条。在每条线的两端均需标明位势米的千位、百位和十位数，并规定：

在 850 hPa 上，分析 …，140，144，148，… 位势什米线；

在 700 hPa 上，分析 …，296，300，304，… 位势什米线；

在 500 hPa 上，分析 …，496，500，504，… 位势什米线。

(2) 自由大气中的风基本上和地转风一致，因此，分析等高线时，尽可能使等高线平行于实测风的风向。

(3) 等高线尽可能画至图边或终止于某一经线或纬线。在等高线的两端或闭合等高线的正北方开口处标上数值，数字应与当地纬圈平行。同时，高位势区用蓝色标上“高”或

“G”,在低位势区用红色标上“低”或“D”。注意,标注“G”或“D”时,一定要将它们标在反气旋、气旋环流的中心。若风速很小或没有记录时,则“G”和 “D”标在高值区和低值区的几何中心。国际上用“H”表示高,用“L”表示低。

(4) 等高线的加粗,以下线条用 4B 铅笔画。

在 850 hPa 上,分析 …,116,132,148,… 位势什米线;

在 700 hPa 上,分析 …,284,300,316,… 位势什米线;

在 500 hPa 上,分析 …,548,564,580,… 位势什米线。

其他等高线用 2B 画。

2.1.2　等温线

绘制等温线时,除了主要依据等压面上的温度记录进行分析以外,还可参考等高线的形势进行分析。这是因为空气温度越高,则空气的密度越小,气压随高度的降低也越慢,等压面的高度就越高,因此越到高空,如 700 hPa 或 500 hPa 以上的等压面,高温区往往是等压面高度较高的区域。反之,低温区往往是等压面高度较低的区域。因此,在高压脊附近温度场往往有暖脊存在,而在低压槽附近往往有冷槽存在(图 2 - 3)。

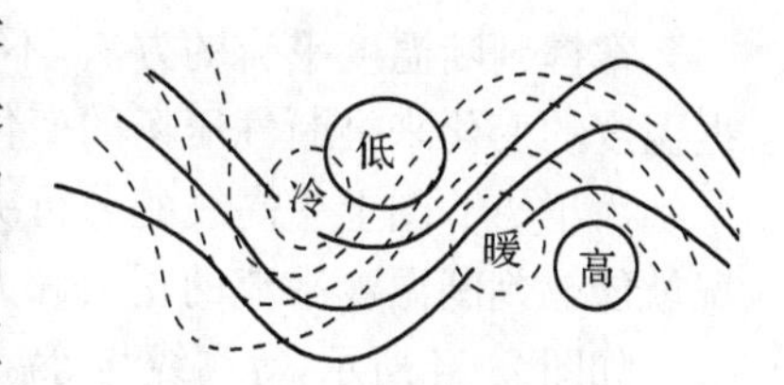

图 2 - 3　高空等压面图

(实线为等高线、虚线为等温线)

经过等温线分析后,可以看到等压面图上的温度场中有冷、暖中心和冷槽、暖脊,这些与气压场中有高、低压中心和槽、脊相类似。等温线的密集带是冷、暖空气温度对比较大的地带。在分析等温线时,除了要符合等值线的分析原则外,还必须把这些系统清晰地表达出来。

1. 等温线分析的技术规定及注意事项

(1) 等温线用红色铅笔细实线绘制。无论哪一个等压面,都以 0 ℃为基准,每隔 4 ℃画一条等温线,如 …, −8,−4,0,4,8,…

(2) 在等温线的两端或闭合等温线的正北方开口处,用红色标注等温线的数值,数字亦要与当地纬线平行。暖中心用红色标上“暖”或“N”;冷中心用蓝色标上“冷”或“L”。而国际上则用“W”表示暖,用“C”表示冷。

2. 温度平流

由于冷暖空气的水平运动而引起的某些地区增暖和变冷的现象,称为温度的平流变化,简称温度平流。同理,湿度平流是指干、湿空气的水平运动而引起的某些地区湿度改变的现象。某一要素 A(如温度、湿度或者其他)的平流大小以及正负取决于水平风速 $\vec{v}$ 和要素的水平梯度 $-\nabla A$,因此这要素 A 的平流是 $-\vec{v}.\nabla A$。

温度平流的表达式为

$$-\boldsymbol{V}_h\cdot\nabla T=|V_h||-\nabla T|\cos\alpha$$

式中,$\boldsymbol{V}_h$ 为水平风速;$-\nabla T$ 为水平温度梯度;α 为风向与水平温度梯度的交角。当 $\alpha>90°$时,$-\boldsymbol{V}_h\cdot\nabla T<0$ 为冷平流(图 2 - 4(a));当 $\alpha<90°$时,$-\boldsymbol{V}_h\cdot\nabla T>0$ 为暖平流(图

2－4(b))；当 $\alpha=0$ 时，$-\boldsymbol{V}_h\cdot\nabla T=0$ 为零平流(图 2－4(c))。

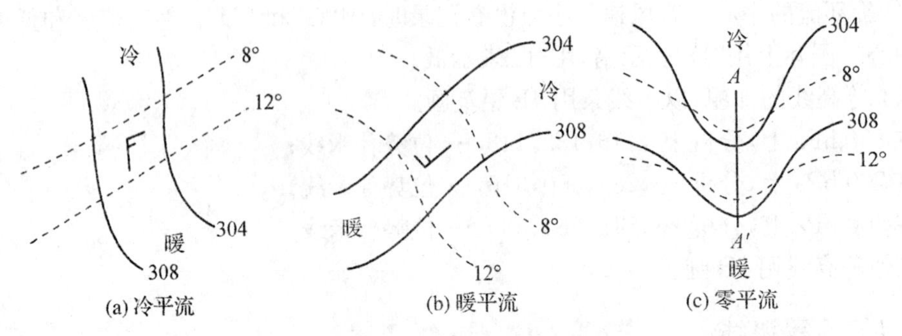

图 2－4　温度平流示意图

掌握判断温度平流的方法，不仅可以用来直接判断温度的变化，而且还可以进一步根据温度的变化来推断气压场的变化。

由于 AT 图上等高线的分析决定了空气的流向，所以根据等高线和等温线的配置情况就能够判断温度平流的正负和大小。

如图 2－4 所示，等高线与等温线成一交角，气流由低值等温线方面(冷区)吹向高值等温线方面(暖区)，这时就有冷平流。显然，在此情况下，空气所经之处，温度将下降。图 2－4(b)的情况恰好与图 2－4(a)相反，气流由高值等温线方面(暖区)吹向低值等温线方面(冷区)，因而有暖平流。在此情况下，空气所经之处，温度将上升。图 2－4(c)中 AA'线所在区域等温线和等高线平行，由于此时 $-v\cdot\nabla A=0$，所以，显然此区内既无冷平流，又无暖平流，即温度平流为零。但 AA'线两侧的区域温度平流不等于零，其东侧为暖平流，西侧为冷平流。AA'正好是冷平流和暖平流的分界线，因此把 AA'线称为平流零线。

除了判断温度平流的符号外，还要判断平流的强度，即单位时间内因温度平流而引起的温度变化的数量大小。温度平流的强度可以从以下三个方面来判断：

(1) 等高线的疏密程度。如其他条件相同，等高线越密，则风速越大，平流强度也越大。

(2) 等温线的疏密程度。如其他条件相同，等温线越密，说明温度梯度越大，平流强度也越大。

(3) 等高线与等温线交角的大小。如其他条件相同，等高线与等温线的交角越接近 90°，平流强度也越大。

2.1.3　湿度场的分析

湿度场的分析和温度场的分析相同，分析等比湿线或等露点线或等温度-露点差线。温度场中有干湿中心和湿舌、干舌，这些与湿度场中的冷暖中心和暖脊、冷槽相对应。

2.1.4　槽线和切变线的分析

槽线是气压场上低压槽中等压线(等高线)气旋性曲率最大处的连线，而切变线是指风场上的不连续线，切变线两侧的风向风速有较强的切变。

槽线和切变线是分别从气压场和流场来定义的不同的天气系统，但因为风场与气压场相互适应，所以槽线两侧风向必定也有明显的转变；同样，风有气旋性改变的地方，一般也是槽线所在处，两者又有着不可分割的联系。

如图 2-5 和图 2-6 所示，习惯上，往往在风向气旋性切变特别明显的两个高压之间的狭长低压带内和非常尖锐而狭长的槽内分析切变线，而在气压梯度比较明显的低压槽中分析槽线。由于风压场相互适应，所以槽线两侧的风向有明显的气旋性切变。槽线、切变线都用棕色较粗实线分析。

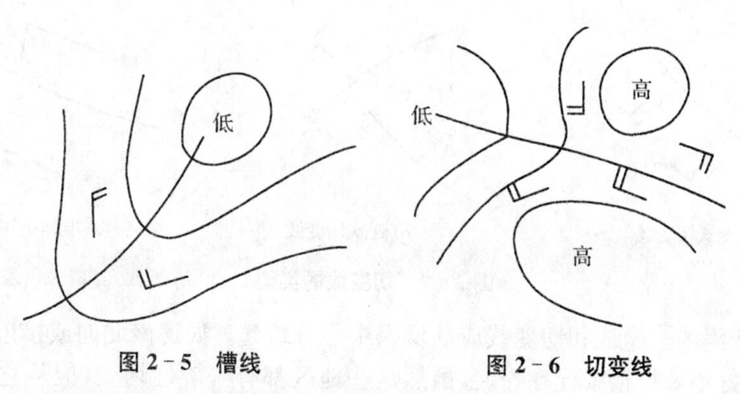

图 2-5　槽线　　**图 2-6　切变线**

槽线一般应分析成弓形，这是因为槽线的中部风往往都比较大。

分析槽线和切变线时要注意下列几点：

(1) 为了分析槽线和切变线，一般在分析等高线之前，先根据槽线和切变线的过去位置和移动速度，从图上风的切变定出它们的位置。然后绘制等高线，使槽线附近等高线的气旋性曲率最大。最后确定槽线和切变线的位置。

(2) 不要把两个槽的槽线连成一个。如图 2-7 中的实线是错误的画法。

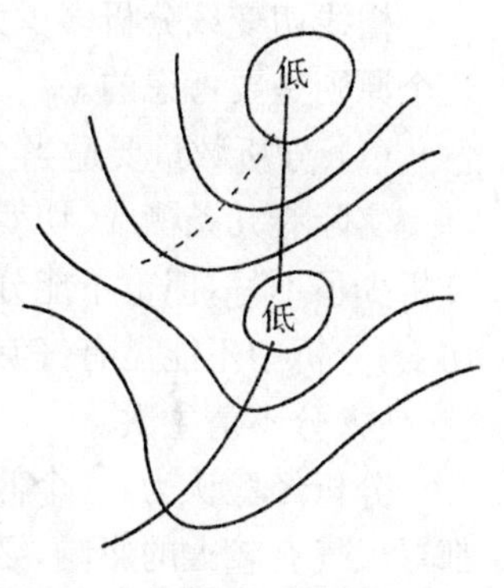

图 2-7　槽线的错误画法

(3) 切变线上可以有辐合中心，两条切变线可以连接在一起。

槽线有竖槽(南北向)和横槽(东西向)。竖槽的槽前为西南风，槽线后为西北风(图2-8(a))；横槽的槽线位于偏东风和偏西风之间，即槽前为西-西北风，槽后为北-东北风(图 2-8(b))。

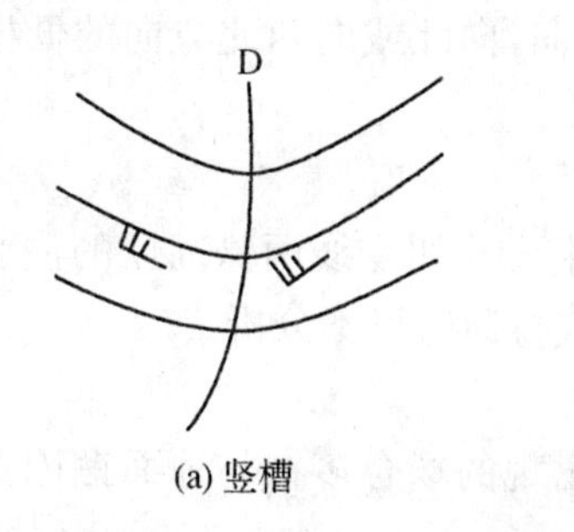

(a) 竖槽

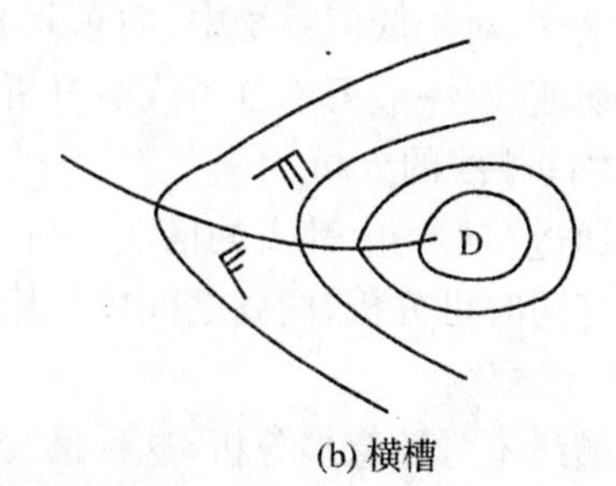

(b) 横槽

图 2-8　竖槽和横槽

切变线有三种类型：

(1) 冷式切变线是偏北风与西南风构成的切变(图 2－9(a))。

(2) 暖式切变线是东南风与西南风构成的切变(图 2－9(b))。

(3) 准静止切变线是偏东风与偏西风构成的切变，移动缓慢(图 2－9(c))。

图 2－9　切变线的类型

有闭合低涡的主槽线和切变线应从低涡中心分析起。如遇南北向或接近南北向的两个低中心，最好不要把槽线连在一起，虽然这些地区都有气旋性切变，但从它们的流场方向看是不一致的。它们未来移动方向不同，终究是要断开的。只有当南北两个低值中心偏离比较多或呈东西向时，就可以分析成两个相连的“人”字形槽线(切变线)。

槽线切变线分析多少为宜？这个问题无法回答得很具体，因为没有统一的标准，但有几个原则是要考虑的。

(1) 分析数量要适当

实际有几条槽线、切变线存在，如果分析少了，造成漏分析，易造成漏报天气。所以，分析少了不好，但也不能分析得过多。例如，一个低值系统中应该说到处都有风的气旋式切变，分析中不能见有气旋性切变就确定一条槽线切变线，那样分析出来就成了蜘蛛网形状，使人分不清主次。

分析经验认为，一个低值系统，往往有明显的槽线或切变线，这些主要的槽线、切变线都对天气有较大的影响，必须分析出来。

(2) 预报区、非预报区有别

预报区特别是临近本站的槽线或切变线要分析得细些，可稍多一些，非预报区则可适当减少一些。在预报区范围内，无论出现在本站的哪一个方位，都应细致地分析，不可漏掉。

而在非预报区，对于低值系统中，向东北方向，向北或向西北方向的低槽或是将要远离本站的暖式切变线，一般可不分析或少分析。

(3) 两低之间槽线的分析

两低之间通过鞍形场中性点的槽线分析，主要看切变线两侧高压的演变情况。当两低之间气旋式打通时可分析，两高之间仅气旋式打通时可不分析。

(4) “人”字形槽线

“人”字形槽线不可随意多分析，这种槽线出现的场合多在与地面锢囚锋配合的高空槽或当高空具有“北槽南涡”的形势。

§2.2　天气系统的空间结构

天气分析中常用的地面天气图和各层等压面图都是反映空间大气运动的工具。各种图上的现象都是互相联系的。只有将各种天气图配合起来进行综合分析，才能从整体上得到对大气运动的正确认识，从而为做好天气预报打下基础。

为了了解各种不同层次的天气图之间的联系，首先要了解气压系统的垂直结构。

静力学方程$\frac{\partial P}{\partial Z}=\rho g$ 可以改写成

$$\frac{\partial}{\partial H}\ln P=-\frac{9.8}{RT}$$

由此式可见，气压随高度的减小与温度的高低有关。温度越高，气压随高度减小越慢，这就是说，在暖空气中气压随高度的减小比在冷空气中慢。因此，气压系统的垂直结构与温度分布有关。下面根据这个原理来讨论三种常见的高低压系统的垂直结构。

2.2.1　深厚而对称的高压和低压

此类系统是对称的冷低压和暖高压，是温度场的冷（暖）中心与气压场的低（高）中心基本重合在一起的温压场对称系统。由于冷低压中心的温度低，所以低压中心的气压随高度而降低的程度较四周气压更加剧烈，因此，低压中心附近的气压越到高空比四周的气压降低得越多，即冷低压越到高空越强。同样，由于暖高压中心温度高，所以高压中心的气压随高度降低得较四周慢，因此暖高压越到高空也越强。冷低压和暖高压都是很深厚的系统，从地面到 500 hPa 以上的等压面图上都保持为闭合的高压和低压系统。图2－10是冷低压和暖高压在剖面图上的情形，从图中可以看到，等压面的坡度随高度是增大的，说明冷低压和暖高压在剖面图上是随高度增强的。我国东北冷涡都是一种深厚的对称冷低压；西太平洋副热带高压即是一种深厚的对称暖高压。

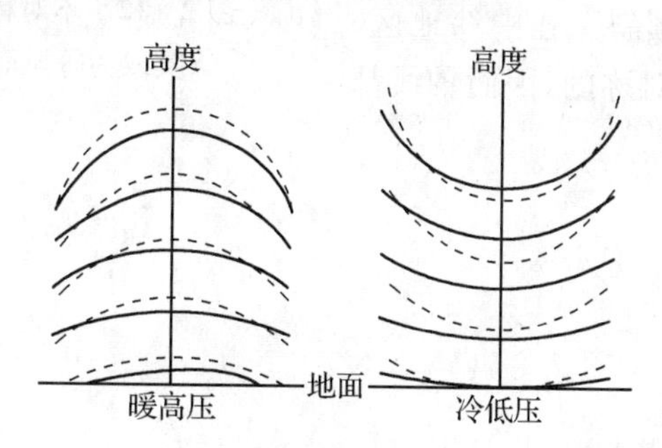

图 2－10　深厚而对称的气压系统的垂直剖面图

（实线为等压面，虚线为等温面）

2.2.2 浅薄而对称的高压和低压

此类系统在低层是对称的暖低压和冷高压，其温度场的暖(冷)中心基本上和气压场的低(高)中心重合在一起。暖低压，由于其中心温度较四周高，所以气压下降较四周为慢，低压中心上空的气压，到一定高度以后，反而变得比四周还高，成为一个高压系统。图 2-11 是暖低压和冷高压在剖面图上的情形。从图中可以看到，地面的暖低压如何到高空逐渐变为高压(表示为等压面从凹陷变成凸起)。同样，冷高压由于其中心温度较四周低，到高空一定高度以后变为一个低压系统。这两种系统，在地面图上较明显，到 500 hPa 高度以上就消失或变为一个相反的系统。我国西北高原地区经常出现浅薄的暖低压；而南下的寒潮冷高压就是一种浅薄的冷高压系统。

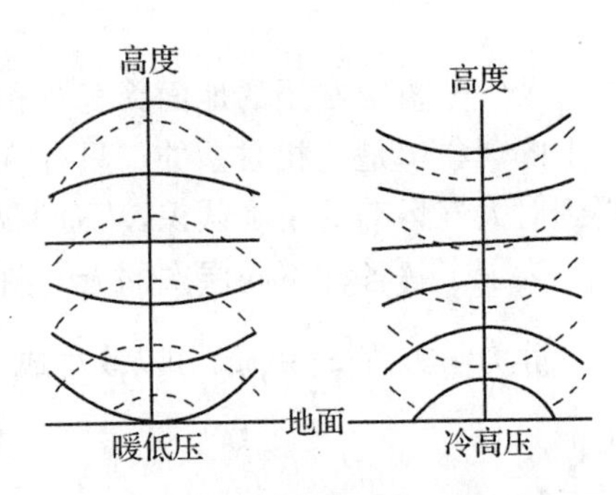

图 2-11　浅薄而对称的气压系统剖面图
(实线为等压面，虚线为等温面)

2.2.3 温压场不对称的系统

这类系统是指在地面图上冷暖中心和高低压中心不重合的高低压系统。图 2-12 是不对称的高低压系统在剖面图上的情形。从图中可以看到，由于温压场的不对称，使得气压系统中心轴线(同一气压系统在各高度上的中心点连线)发生倾斜。在高压中，由于一边冷、一边暖，暖区一侧气压随高度降低比冷区一侧慢，所以高压中心越到高空越向暖中心靠近，即高压轴线向暖区倾斜。同样，在低压中，低压中心越到高空越向冷中心靠近，即低压轴线向冷区倾斜。在中纬地区，多数系统都是温压场不对称的，因而轴线都是倾斜的，如锋面气旋等。

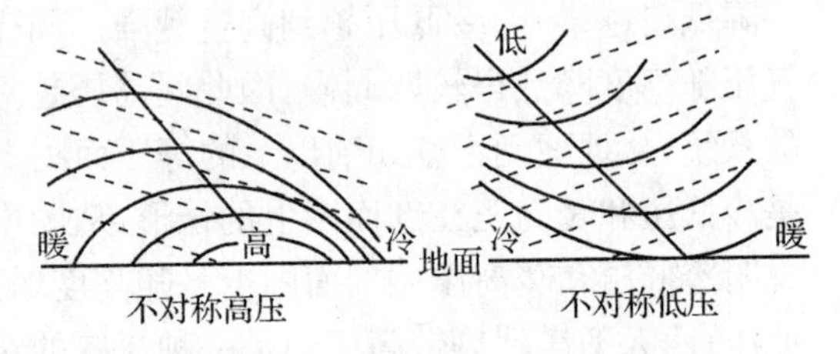

图 2-12　不对称的气压系统剖面图
(实线为等压面，虚线为等温面)

实习二　等压面初步分析

一、目的和要求

（1）了解高空天气图的填写格式，熟悉填图符号的意义。

（2）了解高空天气图分析内容，基本掌握等高线、等温线、槽线、切变线的分析技术，初步了解高空天气图上高度场、温度场及湿度场的配置形势，学会分析温度平流及湿度平流。

二、实习内容

（1）等压面初步分析。

（2）等压面综合分析及温度平流、湿度平流的分析。

三、实习资料

（1）等压面初步分析1(850 hPa)、初步分析2(700 hPa)、初步分析3(500 hPa)。

（2）等压面综合分析4(850 hPa)、综合分析5(700 hPa)、综合分析6(500 hPa)。

实验二分析要点讲解

一般来说，在北半球，由于冷空气是由极地向赤道移动，同时高纬度天气系统以西移为主，所以，高空槽的分析大多数是中部由西向东凹（图 2 - 13 等压面分析 1 中东欧附近槽线的分析方法），尽量避免高空槽出现由东向西凹的现象。

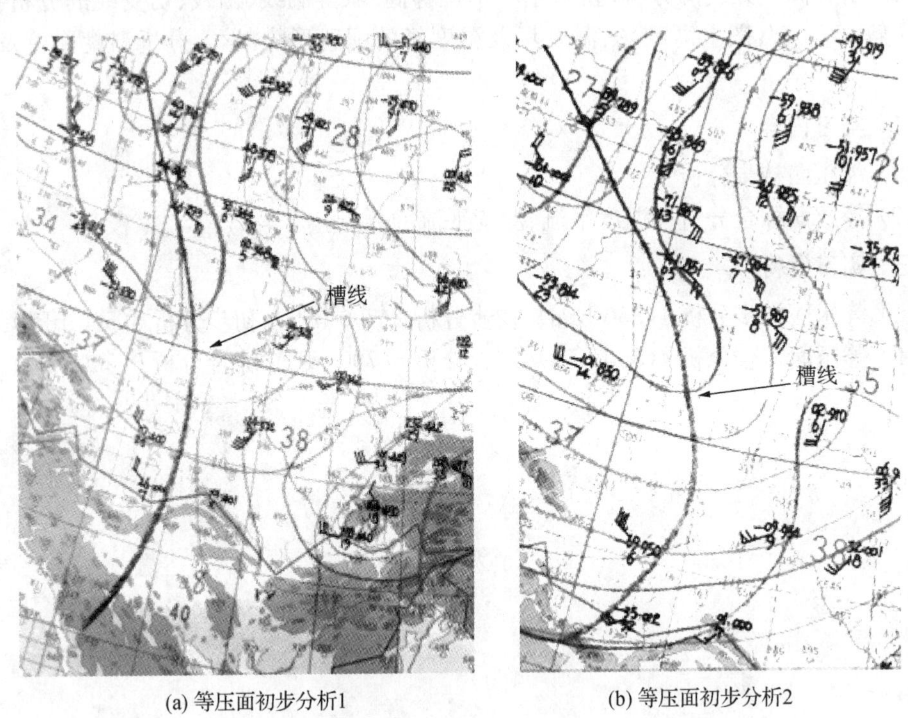

(a) 等压面初步分析1　　(b) 等压面初步分析2

图 2 - 13　等压面分析中东欧附近槽线的分析方法

实验三

锋面初步分析

地面图上锋的分析符号见表 3－1 所示。

表 3－1　地面图上锋的分析符号

锋的种类	分析图上的颜色	单色印刷图上的符号
冷锋	蓝色	
暖锋	红色	
准静止锋	蓝红双色	
暖性锢囚锋	紫色	
冷性锢囚锋	紫色	
锢囚锋(性质未定)	紫色	

在地面天气图上确定锋时，首先根据锋的过去位置和参考高空锋区(图 3－1)初步定出锋的现在位置；然后分析等压线和天气区，标注等三小时变压中心。在上述分析的基础上仔细查看锋附近区域内气象要素的分布，利用该地区有代表性的气象记录进行综合分析，并考虑地形等因素的影响，最后确定锋的位置和性质。

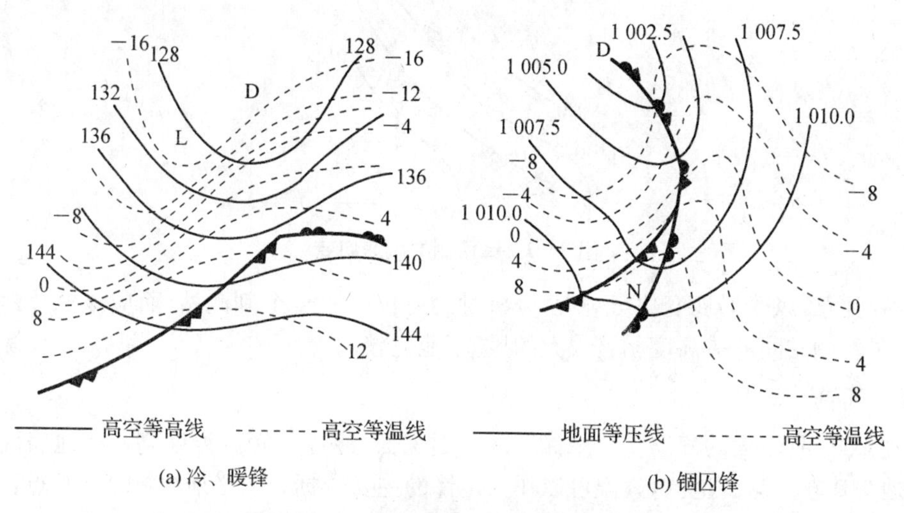

图 3－1　地面锋和高空锋区的相对位置

对于复杂的锋面，有时还可以作一些辅助图，以便较准确地确定锋的位置。

下面介绍地面图上确定锋的依据，即根据锋面附近气象要素的分布特点来确定锋的位置和性质。

一、气压

锋一般处在低压槽中，等压线穿过锋面时有明显的气旋性曲率，常见的锋面附近气压场形式如图 3－2 所示。其中，图 3－2(a)为冷暖锋，锋面处在 V 形槽中；图 3－2(b)为准静止锋，锋面处在隐槽中，即锋位于两个高压之间的低压区中，如华南静止锋往往是这种情形。

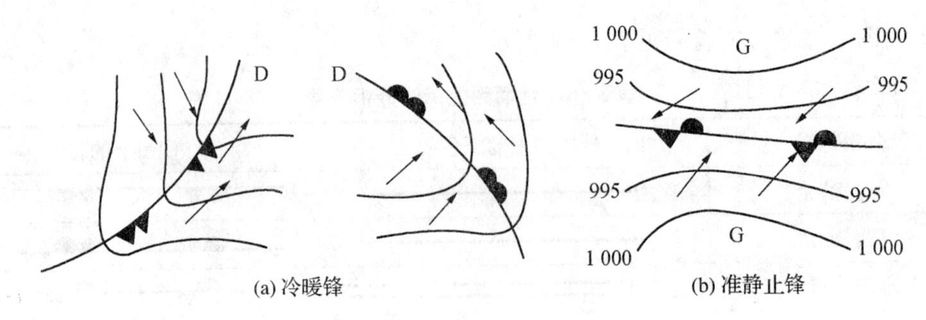

图 3－2　锋面附近气压场形式

二、风

利用风的记录来定锋，比较直观。锋附近的风向有明显的气旋性切变，如图 3－2 所示。一般讲，冷锋前为偏南风或较弱的偏北风，冷锋后多为偏北大风；暖锋前多偏东风，暖锋后为南风或西南风。但有时锋两侧的风向切变不明显，而风速切变非常明显(图3－3)。

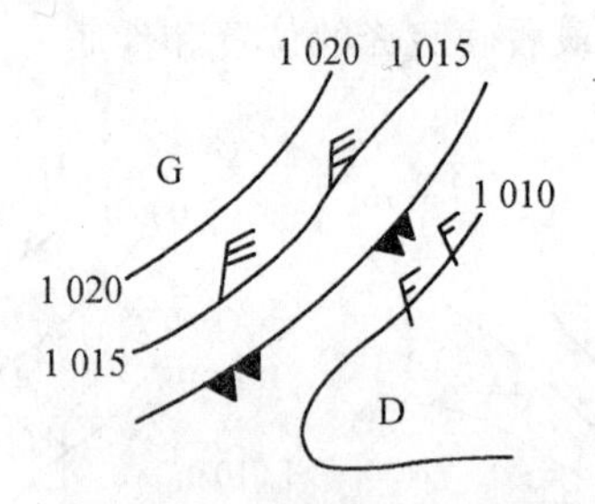

图 3－3　锋两侧的风速切变

但要注意，风受局地变化影响大，分析时不能仅着眼于个别测站，而应该成片地考虑风的记录。测站间海拔高度相差太大的风，不能比较。

三、气温

锋两侧应有较大的气温差。冷锋后冷区温度低，冷锋前暖区温度高。在地表面性质相近、地势比较平坦的地区，气温可以作为定锋的主要依据。但必须注意以下几点：

(1) 不同高度、不同地表的气温不能直接比较。尤其是在海岸线附近，由于海陆差异，这里的气温有明显差异，甚至有局部云雨天气产生，因此，这种常定的温差带不能误以为有锋存在。

(2) 要考虑辐射对气温的影响。一般在锋面冷气团一侧，有厚的云层，而在暖空气一侧，常常晴朗少云。到了夜间，暖区辐射无遮蔽，形成强的辐射逆温，地面气温很低；而冷区因有云层覆盖，阻止长波向太空辐射，降温小，致使夜间锋两侧温差不是很明显，甚至冷区地面气温比暖区高。到了白天，暖区增温比夜间明显，这时锋两侧温差才比较明显。

(3) 风和垂直运动对气温的影响。一般说来，由于扰动混合作用，气温代表性较好。早晨冷区风速大，空气上下湍流交换强，不能形成辐射逆温；暖区风速小，天气晴朗，经过夜间冷却，常常形成辐射逆温。这样造成了冷暖气团间的温差减小，尤其当冷锋夜间或清晨从高原上下来时，更加明显。当冷锋经过盆地时，因锋后冷空气密度不如盆地近地层冷膜中的冷空气密度大，而锋面在冷膜上滑行，这种蔽锋现象因近地面的气温不受锋面影响而没有明显的温差。

四、露点

一般暖空气比较潮湿，冷空气比较干燥，所以锋面两侧有明显的露点差，即冷锋前露点高，冷锋后露点低；暖锋前露点低，暖锋后露点高。露点的代表性和保守性都比气温好，所以露点差也是定锋的主要依据。尤其在我国南方，因冷锋南下变性，两侧温差往往不明显，但露点差却十分清楚。

用露点差定锋时要注意，当冷气团中有降水时，由于降水蒸发，露点升高，致使锋两侧露点差减小。另外，在我国西北地区，暖气团比较干燥，往往锋前后露点差很小；当冷气团来自欧洲时，冷气团的露点有时会比暖气团高。又如，冷气团从东北平原经渤海侵入我国，露点也往往比华北平原的暖气团高一些。

用露点定锋时，要注意露点的代表性，并且要在同一高度上进行比较。

五、三小时变压(ΔP_3)

锋面附近三小时变压分布如图 3-4 所示。一般情况下，冷锋后为较大的$+\Delta P_3$，冷锋前为较小的$+\Delta P_3$或$-\Delta P_3$(图 3-4(a))；暖锋前常有较大的$-\Delta P_3$，暖锋后为较小的$-\Delta P_3$或$+\Delta P_3$(图 3-4(b))；锢囚锋后常常是$+\Delta P_3$，锢囚锋前为$-\Delta P_3$(图 3-4(c))。暖式锢囚锋零变压线位于锋前，而冷式锢囚锋零变压线位于锋后；两条冷锋相向而行形成的锢囚锋，锋两侧都有可能为$+\Delta P_3$。

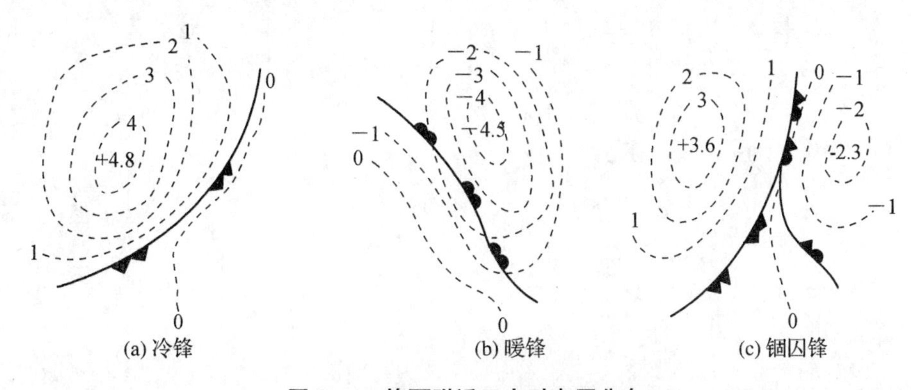

图 3-4　锋面附近三小时变压分布

锋面附近的三小时变压分布，反映了锋附近冷暖平流和大范围垂直运动分布的情况。同时，也可以用 ΔP_3 来估算锋面移动速度和锋的强度。使用三小时变压来定锋还要注意气压日变化的影响。

六、24 小时变压（ΔP_{24}）和 24 小时变温（ΔT_{24}）

对于快速冷锋，三小时变压就不好用。采用 24 小时变压、变温能消除日变化的影响，是定锋的一个依据。在我国西北、西南等地形复杂地区，地面气象要素代表性很差，很难直接比较，ΔP_{24} 和 ΔT_{24} 在定锋中的作用就更大。一般说来，冷锋后有较大的 $+\Delta P_{24}$ 和 $-\Delta T_{24}$。由于气温灵敏度高，所以 ΔT_{24} 更好用一些。

七、云和降水

一般来说，锋附近有大片的云雨区相配合。

实习三　锋面初步分析

一、实习目的

学会根据地面气象要素的分布，确定锋面的位置及锋的性质。

二、实习内容及资料

本次实习有7个例子。学生应根据这些例子所给出的要素场，通过分析比较，确定锋面。这7个例子如下：

锋面初步分析1(a.地面图，b.地面图，c.地面图)；

锋面初步分析2(a.地面图，b.地面图)；

锋面初步分析3(a.地面图，b.地面图)。

三、要求

(1) 绘制等压线并标注高、低压中心及强度。

(2) 绘制等三小时变压线，并标注正、负变压中心及强度。

(3) 绘制各种降水区及特殊天气现象。

(4) 根据要素场的分布定出锋面位置。

四、锋面分析步骤

(1) 根据锋的定义及锋面两侧要素场的分布特点(T场、T_d场、ΔP_3场、风场、P场、天气区等)，首先注意风呈气旋式切变较明显的带状区域或者气压场上的低槽区。

(2) 参考历史图上标注的锋面位置，根据历史连续性原则，在历史位置的前方(指系统移动的方向)寻找锋面的大概位置。

(3) 沿风呈气旋式切变明显的带状区域或者低槽区，逐站对比气象要素T、T_d、ΔP_3、风、天气区等的分布，看其是否符合锋面一侧要素场的分布特征。若符合，则在此区域内气象要素改变最明显的地方分析锋面。如果使用步骤(2)中介绍的方法在找出锋面的大概位置以后，也需逐站比较推敲，找出最合适的地方定锋。

五、注意事项

在对比要素场的分布特征时，需注意记录的代表性。

(1) 测站海拔高度不同，对温度分布会有影响。

(2) 测站处于不同性质的下垫面(海、陆)，会对温度分布有影响。

(3) 不同的天空状况，对温度分布会有影响。

(4) 要注意地形对风向、风速的影响，如狭管效应、海陆风效应等。

(5) 注意ΔP_3的日变化对正负ΔP_3中心强度的影响。

(6) 隐槽与显槽需同样引起注意。

(7) 要学会判断错误记录。

实验三分析要点讲解

1. 锋面初步分析 1

根据气压场、风场的特征，定出冷锋的位置，暖锋前常有较大的$-\Delta P_3$，从而定出暖锋的位置，等压线经过锋面时，要有明显的气旋性弯曲，低压符号“D”标在冷暖锋的交点上。见图 3 - 5 锋面初步分析 1。

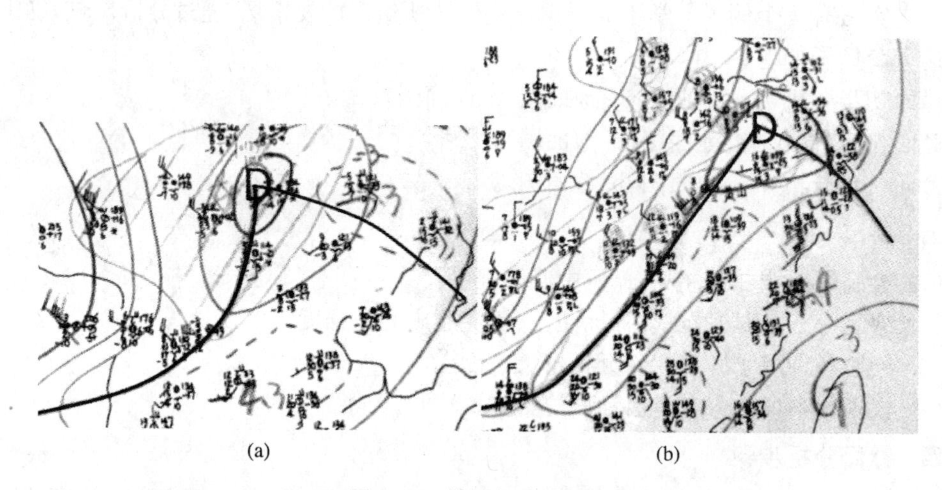

(a) (b)

图 3 - 5　锋面初步分析 1

2. 锋面初步分析 2

如图 3 - 6 所示的锋面初步分析 2 地面图上，容易画成一条冷锋，该低压中心右下方冷锋特征明显，应该用蓝色曲线画出，而右边受低压气旋特征影响，应为暖锋；然后与北边的冷锋接起来。

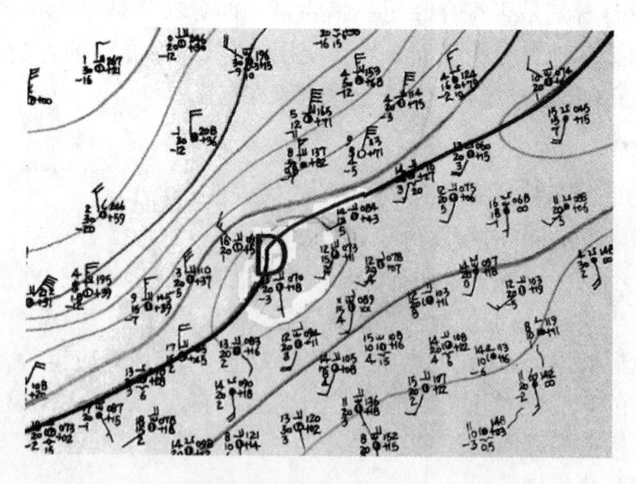

图 3 - 6　锋面初步分析 2

实验四

锋面综合分析

§4.1　锋面分析

锋面是温度水平梯度比较大的区域，斜压性大，有利于垂直环流的发展与能量转换，因而锋面附近常有比较剧烈的天气变化和气压系统的发生和发展，所以锋区和锋线的分析在天气分析中占有非常重要的地位。在高空等压面图上，只要正确掌握温度记录的分析判断方法，要比较准确地分析出高空锋区并不困难。本节将要说明在地面天气图上如何确定锋线的要点。由于地面气象要素受局地下垫面特征的影响，使得锋附近要素场特征不像理论上所说的那样明显，甚至锋面是否存在也很难辨别，这就使锋面分析成为天气分析中最困难的问题之一。现介绍在不同情况下如何灵活应用锋面附近气象要素的特征，以确定锋面的位置和性质。

为了不盲目地在天气图上找锋面，首先按照历史连续性的原则，将前 6 小时或 12 小时锋面的位置描在待分析的天气图上，根据过去几张图的连续演变，结合地形条件，可大致确定本张图上锋面的位置；再结合分析高空锋区（在平原地区，分析 850 和 700 hPa等压面，高原地区分析 500 hPa 等压面），判断出地面图上锋面的位置和类型。根据锋面向冷区倾斜原理，地面的锋线应位于高空等压面图上等温线相对密集区的偏暖空气一侧，而且地面锋线要与等温线大致平行，高空锋区有冷平流时，它所对应的是冷锋；高空锋区有暖平流时，所对应的是暖锋。根据锋的连续演变，如果有冷锋赶上暖锋，高空又有暖舌，则所对应的是锢囚峰；高空锋区中冷、暖平流均不明显时，所对应的是静止锋。

4.1.1　分析地面天气图上各气象要素场以确定锋面的位置

一、温度

锋面的主要特征应是锋面两侧有明显的温差及冷锋后有负变温而暖锋后有正变温，但在大气底部气团的温度因受许多因素的影响，有时会使某地的气温不能正确代表气团的属性，因而使锋面两侧温差并不明显，甚至冷锋过后还可能升温；而在另一些没有锋面存在的区域温差却较明显。

(1) 造成锋面两侧温差不明显的原因有以下几种：

① 锋面两侧辐射条件不同。冬半年早上或后半夜，大陆上冷锋前暖空气一侧云少风小，形成强的辐射逆温，地面温度极低（这种现象在冰雪覆盖的下垫面上很显著，而在干燥

的北方也比湿润的南方要显著),而冷锋后冷气团内因为有云覆盖而阻止长波向太空辐射,没有辐射逆温,甚至将辐射逆温破坏,这时冷锋后冷空气中低层气温可能要比暖空气中的还要高些,冷锋过后气温上升可达到 5～6 ℃,ΔT_{24}也为正值。这种情况下利用温度的上升曲线就容易识别出来(图 4－1)。

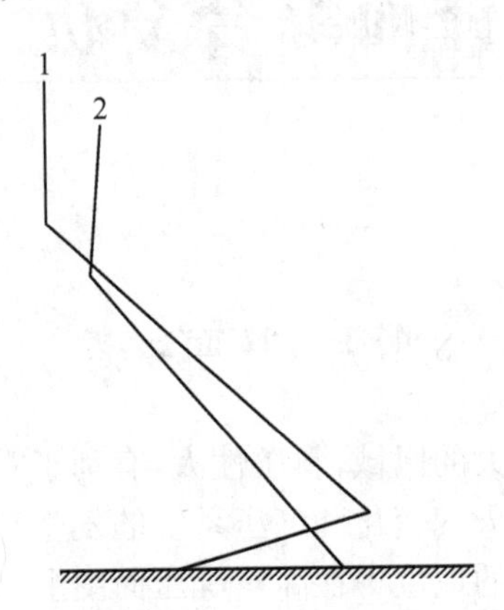

图 4－1　冷锋过境前后测站温度上升曲线的对比

(1——冷锋过境前某测站的温度上升曲线;2——冷锋过境后某测站的温度上升曲线)

夏半年白天,如果冷锋前暖空气一侧有云遮蔽,温度日变化的升温值小,而冷锋后晴空,温度日变化的升温值大,此时冷锋两侧温差就不明显,ΔT_{24}代表性也不好。

② 锋面两侧蒸发凝结条件不同。夏季白天若冷锋前有降水,因雨滴蒸发吸收了暖空气中相当多的热量,温度日变化的升温值就减少,而冷空气中没有降水,日变化的升温不变,使锋面两侧温差减少。

③ 锋面两侧垂直运动不同。冷锋从高原下到平原,冷锋后的冷空气下沉运动较锋前暖空气强烈得多,增暖也较暖空气中为多,使冷暖空气间温差减小。

④ 冬季,在我国北方或在盆地里,锋前天气晴好而风小,近地面层辐射强烈冷却,有一层气温很低、密度较大的冷膜形成;在四周均为高山的盆地里,更容易形成这种冷膜。当锋面后的冷空气密度不如冷膜中的冷空气密度大时,则锋面在冷膜上滑行。近地面的气温不受锋面影响,地面锋线两侧没有明显的温差。

⑤ 夏季,冷锋自大陆移到海面上,由于海面温度比较低,有时会使冷锋后的气温反而比锋前高。

(2) 非锋面造成的常定温差带:

在海岸线附近,因为下垫面性质不同,容易造成温差,而且有时还伴有风的差异,甚至可能把局地云和降水的记录也误认为有锋的存在。所以,是否有锋存在,不能只着眼于地面某些要素的特征,还要考虑历史的连续性,并配合三维空间内其他资料来确定。在高原与平原接壤处,因为测站海拔高度不同也容易造成温差,也不一定是锋面存在的表现。

二、露点

一般说来,暖空气来自南方比较潮湿的洋面上,气温高,水汽含量多,露点温度也较高;来到我国的冷空气一般是来自于欧亚大陆,温度低,水汽含量少,露点温度也低,所以锋面附近露点差异显著。在没有降水发生的条件下，露点温度比温度更为保守，能更好地表达气团的属性，对确定锋的位置很有用。但是，如果锋面附近任何一侧有降水发生，那么锋面附近的露点差异就不能很好地反映气团属性的差异了。

三、气压与风

如果以温度的零级不连续面模拟锋面，已经证明在锋面两侧的气压是连续分布的，但是气压梯度并不连续，等压线通过锋面时会有折角，而且折角尖端指向高压，锋面两侧的风有气旋式切变。如果等压线与锋线平行，则锋面两侧等压线密集程度一定不同，而两侧的风向虽没有差异但风速却不同时，这也是气旋式切变，这种等压线互相平行、但仅是梯度不同而风场具有气旋性切变的气压场形式称为隐槽(图 4-2)。

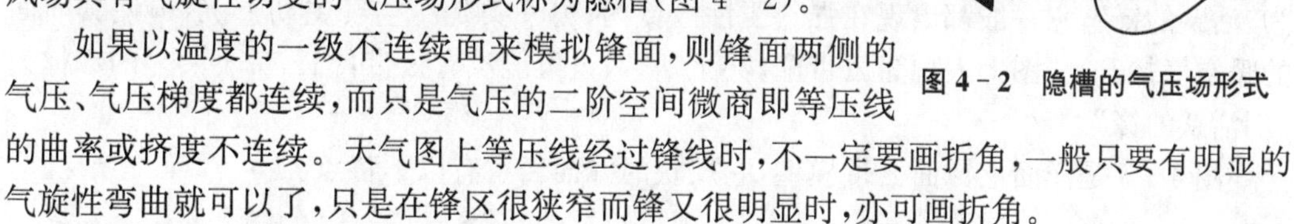

图 4-2　隐槽的气压场形式

如果以温度的一级不连续面来模拟锋面，则锋面两侧的气压、气压梯度都连续，而只是气压的二阶空间微商即等压线的曲率或挤度不连续。天气图上等压线经过锋线时，不一定要画折角，一般只要有明显的气旋性弯曲就可以了，只是在锋区很狭窄而锋又很明显时，亦可画折角。

锋面位于气旋性曲率最大的地方，但是有气旋性切变处不一定有锋。另外，风也受地形的影响，夏季沿海还受到海陆风的影响，日变化也较明显。因此，在利用风场来确定锋面位置时，一定要注意风的代表性及一些特殊地方锋面过境时风的演变特点。例如位于秦岭北侧渭水河畔的西安市，冷锋从河套西侧南下而过该站时，风向就转为西南，冷锋越强，西南风越大。又如冷空气从天山和阿尔金山之间进入南疆盆地时，锋后均吹偏东风。一般来说，风速较大时其风向、风速能反映大范围空气运动的情况，可以作为定锋的依据。

四、变压

(1) 三小时变压(ΔP_3)。冷锋后常为较强的 ΔP_3，冷锋前常为较弱的 $+\Delta P_3$ 或 $-\Delta P_3$；暖锋前常有较强的 $-\Delta P_3$，暖锋后为较弱的 $-\Delta P_3$ 或 $+\Delta P_3$；锢囚锋后往往是 $+\Delta P_3$，锋前为 $-\Delta P_3$。但当两条冷锋相向而行形成锢囚锋后，则其两侧都会出现 $+\Delta P_3$，例如我国华北锢囚锋就是这样。

锋面过境时，三小时气压倾向呈折角，折角处就表示锋面过境的时间。

以上特征都可作为定锋面位置或时间的依据。但要注意气压的日变化和气压系统本身的加强或减弱的影响。例如，08 时地面图上，以 $+\Delta P_3$ 居多，因而冷锋两侧都为 $+\Delta P_3$；而到 14 时地面图上，以 $-\Delta P_3$ 居多，因而弱冷锋两侧可能都为负值，只是冷锋后的负值比冷锋前要小。

(2) 24 小时变压和变温(ΔP_{24} 和 ΔT_{24})。因为 ΔP_{24} 和 ΔT_{24} 可以消除日变化的影响，在地形较复杂的地区能较好地反映出冷、暖空气活动的情况。冷锋后一般有大的正 24 小时变压和负 24 小时变温，冷锋前可有小的 24 小时负变压和正 24 小时变温。应该指出，气温受天空状况的影响较大，有时会失去代表性，但 24 小时变压却比较好。

五、云和降水

一般在云和降水较明显的地区常有锋面存在,但各地锋面活动造成的云和降水有很大差别,所以应按地方性特点来具体分析和考虑。

4.1.2 应用卫星云图照片分析锋面

一、锋面云系

在卫星云图照片上,锋面往往表现为带状云系,称之为锋面云带。这种云带一般长达数千千米;宽度则各处差异很大,窄的只有2～3个纬距,宽的达8个纬距左右,平均为4～5个纬距。锋面云带常是多层云系,最上面的一层是卷状云,下面是中云或低云。锋可以分为两类:一类是暖空气主动地沿锋面上升,此类锋的云带较宽,把具有完整云带的锋称为"活跃的锋",它一般都出现在强斜压性区域内;另一类是冷空气主动下沉,迫使其前面的暖空气抬升,云图上表现为云带窄,甚至断裂,也可能没有云带,把云带不明显的锋称为"不活跃的锋"。

图4-3是洋面上锋面云带模型,它反映的锋面云系有以下特点。

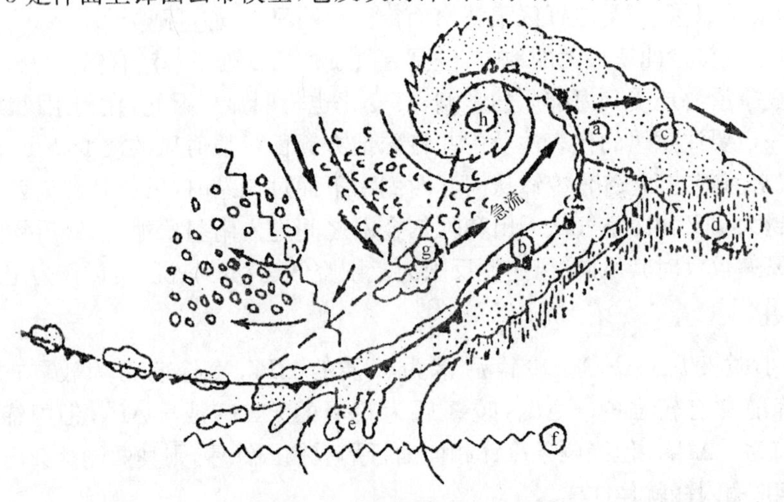

图4-3 洋面上锋面云带模型

1. 冷锋云系

在云图上,冷锋分为活跃冷锋和不活跃冷锋两种。

图4-3中,在500 hPa槽线(细虚线)以东的冷锋是活跃冷锋,它有一条连续的、完整云带,其平均宽度在3个纬距以上。云带的边界很清楚,尤其是靠近冷空气一侧边界,最为显著。云带为多层云系,由稳定性云和不稳定性云所组成。活跃的冷锋与强的斜压区相联系。在强的斜压区内一般有明显的温度平流(冷平流)和强的风速垂直切变。高空风大体上与活跃冷锋相平行,这与强的斜压性条件配合起来,就造成一条完整的云带。

在500 hPa槽线后面的冷锋段为不活跃冷锋,锋面云带与活跃冷锋有明显的不同,常出现狭窄而不完整且破碎(断裂)的云带。不活跃冷锋斜压性比较弱,因而冷平流和风的垂直切变甚小,高空风大体上与锋的走向相垂直,所以云带断裂,这种云带主要由低层的

积状云和层状云所组成，而中、高云很少。有时也可出现一些卷云。在陆地上，不活跃的冷锋上可以无云或云量很少。

当活跃的冷锋移动甚缓或变成准静止锋时，从锋面云带南部边界伸出一条条积云线(e)，这些枝状云系可用来定锋面南边副高脊线位置(f)。在活跃的准静止锋中，高空风大体上平行于锋，云图上表现为一条宽的云带。在这类准静止锋面云带上(在一定条件下)可以发展出气旋波。

不活跃的准静止锋，一般出现在较低纬度，其走向大体上是东西向的，锋区中云带断裂，趋于消失，云带中只有高云，没有中、低云。

2. 暖锋云系

活跃的暖锋云带最宽，在云图照片上常呈现一大片高空卷云覆盖区，活跃的暖锋具有强的斜压性，由于暖锋云带和暖区云系相连接，因而就不易确定地面暖锋(d)的位置。活跃暖锋云系由层状云和积状云所组成，上面还有一层卷层云。

关于不活跃暖锋(地面天气图上分析出来的)，在很多卫星云图上没有云带。这或者是由于没有什么热成风涡度平流，或者是由于水汽供应不足，或者是由于斜压性太弱所造成的。

3. 锢囚锋云系

锢囚锋云带是指一条从暖区顶端出发按螺旋形状旋向气旋中心的云带。暖区顶端的位置定在锋面云带凸起部分即卷云区的下面。目前预报员分析锢囚锋时，只把锢囚锋画到气旋北部或西北象限中，并不把锢囚锋绕到气旋中心。

在图4-3中，a点为锋面云带与急流轴(粗箭头)相交的地方，在急流轴南面，锋面云带凸起部分一片纹理光滑的云区，而在急流轴北边的云区中，却出现多起伏的积状云，这种差异可用来确定锢囚点和暖区顶端的份置。在ac段，锋面云带与急流云系相重合。

二、锋面位置

在卫星云图上活跃的冷锋锋面若系第一类冷锋(主动上滑)，要定在云带的前边界上，若系第二类冷锋(暖空气被迫抬升)，要定在后边界。不活跃的冷锋，如果云带后部边界很清楚，则定在后边界上。此外，如果活跃的锋面云带后部边界不清楚或云带很宽，可以从锋的两侧云系结构的差异来确定锋的位置，锋定在云由稠密变到稀疏的分界地区。在分析云图时，有时锋面云带很不明显，而且也不容易定出其走向，这时要判断锋的存在或确定其位置，可以分析锋后冷气团内的云和锋前暖气团中云的差异。在冷气团中，尤其是在洋面上，会出现积状云，而且往往是闭合的或未闭合的细胞状云系；在暖气团中，则有积状云和层状云同时出现。

在卫星云图上确定暖锋的位置较困难。有冷暖锋存在的气旋，云区在暖区顶端向冷区一侧凸起，暖区顶端就定凸起部分，暖锋可定在云区凸起部分的某个地区。

在高纬地区还可以利用云区中的纹线来确定锋，事实上，锋与纹线互相平行。

对一个成熟的锢囚气旋来说，锢囚锋要定在云带后边界附近。静止锋定在云带的前边界附近。冷锋定在云带的中间部分。

三、锢囚锋生

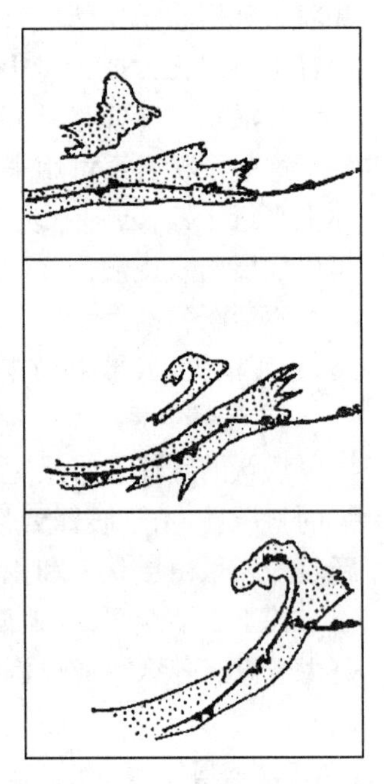
图 4-4　锢囚锋生的模型

在卫星云图上可看到一种在一般理论中没有提到过的现象，即有时候会发现类似于锢囚锋形式的锋面云带。这种云带是由锋生作用，而不是由锢囚过程所造成。人们把这种现象称作“锢囚锋生”或“瞬时锋生”。

逗点云系出现在对流层中上部最大正涡度平流区域，当逗点云系逼近一条锋面云带时，在锋上会产生波动。如果这时逗点云系继续加强，与逗点云系相连的气旋性环流也会增强。这就使得正涡度中心后面的冷气团中气流更加变成偏北风，而在正涡度中心前面的暖气团中气流更偏南风。当这逗点云系与锋面气旋波相合并时，在云图上就看到冷气团和暖气团完全被隔开，即出现“锢囚锋云系”结构（图 4-4），这时就会得到一个错误的印象，即气旋波没有经过发展而后达到锢囚阶段的过程，一下子就跳到成熟阶段。实际上这是由于逗点云系和锋面气旋波的合并，而使云带出现“锢囚锋云系”外貌。但从云图的前后连贯性来看，这种“锢囚锋云系”实际上是锋生的结果。这种情况一般出现在下述天气形势下，即有一高空槽与一东西向的锋面气旋波相合并，这种锋在日本附近常常可以分析出来。

四、非锋面的云带

在卫星云图上有一些长的云带，它们并不是锋面云带，但其外貌和锋面云带一样。在这些非锋面的云带中，有许多是与地面气流的汇合区相联系的，并不存在密度的不近续。还有一些是由于潮湿空气向北平流所造成的。当一个低压向东面的一个副热带高压逼近时，在高压后部，偏东气流和偏西气流相汇合，会出现一条南北向的云带（图 4-5）。

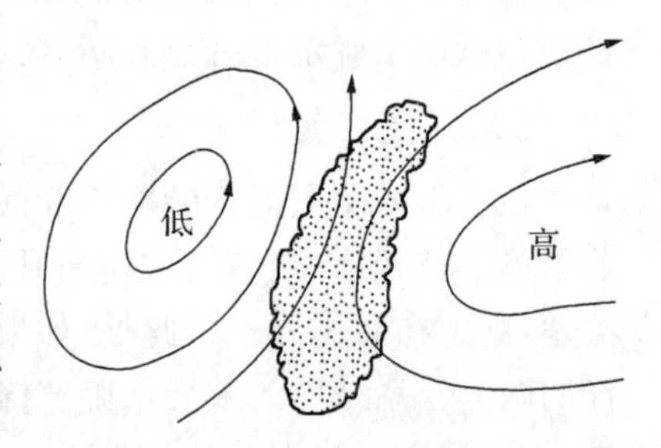

图 4-5　高、低压之间云带

此外，卫星云带上，锋面云带常与急流云带，特别是副热带急流云带相混淆。在一般情况下，锋面云带呈气旋性弯曲，而急流云带则多呈反气旋性弯曲，有时呈直线，我们可以根据这点来区别它们。

4.1.3　应用其他资料来分析锋面

一、探空资料的应用

有锋面时，探空曲线上应有锋面逆温（或者是等温，或者是直减率很小）存在。锋面逆温的特点是，上界湿度一般大于下界（图 4-6），因为一般来讲，暖气团比冷气团潮湿，特别是当锋上有云时，逆温层上的相对湿度接近 100%；但如锋的上下都有云，同时还有降水，这时，逆温层下的湿度也会很大。而当暖空气很干燥、锋上无云时，逆温层上的湿度就很小，锋面逆温与下沉逆温就很难区别。在这两种情况下应把前后两次探空曲线描在同一张图上，如果逆温层下有明显的降温，而在其上是增温、等温或降温不大(图 4－7)，即可判断为锋面逆温。

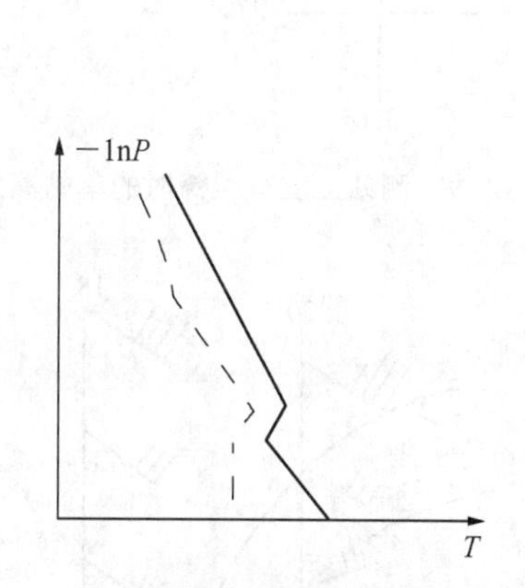

图 4－6　锋面逆温时温(实线)和湿(虚线)上升曲线

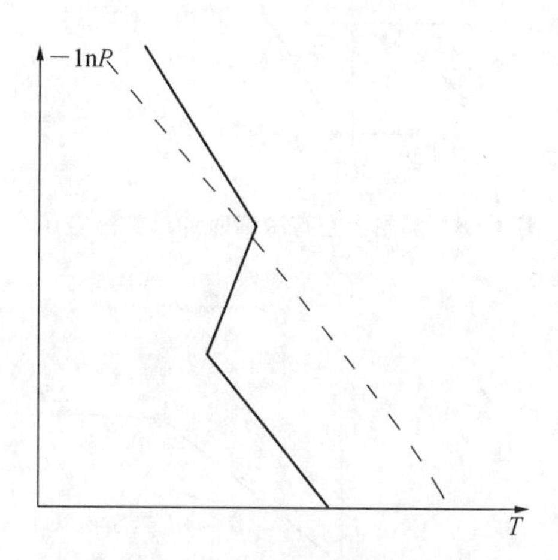

图 4－7　当日(实线)和前日(虚线)冷锋过境前后温度上升曲线变化

二、高空测风资料的应用

我们知道，风在锋区上、下有很大的转变，热成风很大。有冷锋时风向随高度逆转，有暖锋时，风向随高度顺转。我们可以运用这一特点来分析测风记录，确定有没有锋存在及锋的类型。

图 4－8 是一个测站上空有冷锋的测风记录实例。冷锋位于高度为 2.0～2.5 km 气层内，因为这一层内热成风很大，并且在 2 km 以下是偏北风，2.5 km 以上是西南风，风向随高度逆转。

图 4－9 是一个测站上空有暖锋的测风记录实例。暖锋位于高度为 1.5～2.0 km 气层内，这层的热成风较大，在 1.5 km 以下是东南风，2 km 以上是西南风，风向随高度顺转。

图 4－10 是一个测站上空有静止锋的测风记录实例。锋区位于高度为 1.5～2.0 km 之间，在 1.5 km 以下吹东北风，2 km 以上吹西南风，风向转变 180°，风速亦随之增加。

因为热成风和平均等温线平行，所以热成风方向能大致代表锋线的走向，如图4－8～图 4－10 所示，冷锋走向为东北-西南向；暖锋近于东西向；静止锋则为东北-西南向。

还可以用单站测风时间剖面图来分析锋面，如图 4－11 所示，锋前低层是西南风，冷锋过后转成西北风，锋区位于西北风和西南风的层次内，随着时间向上抬升。

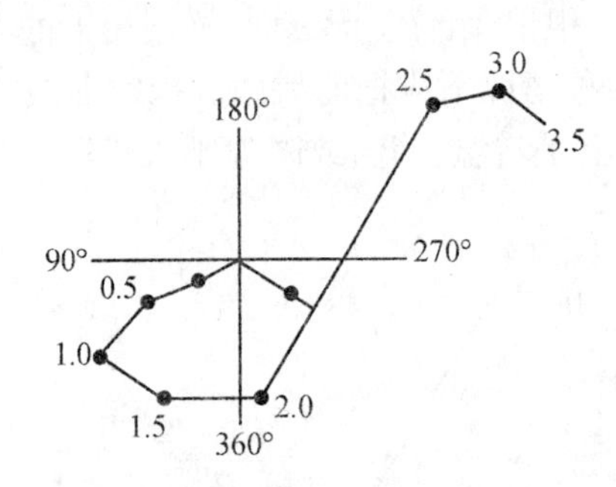

图 4-8　测站上空有冷锋时的单站高空风

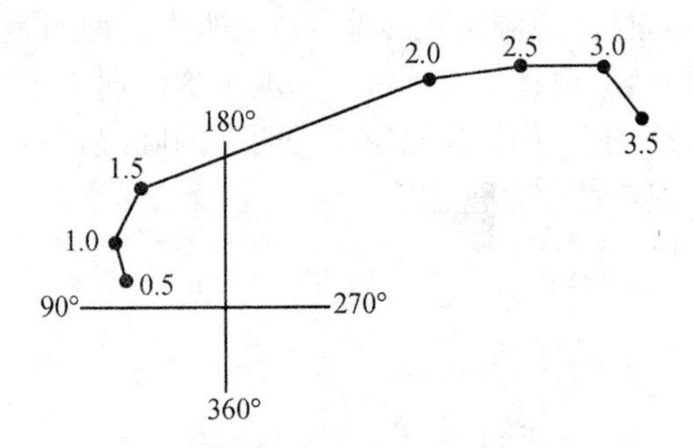

图 4-9　测站上空有暖锋时的单站高空风

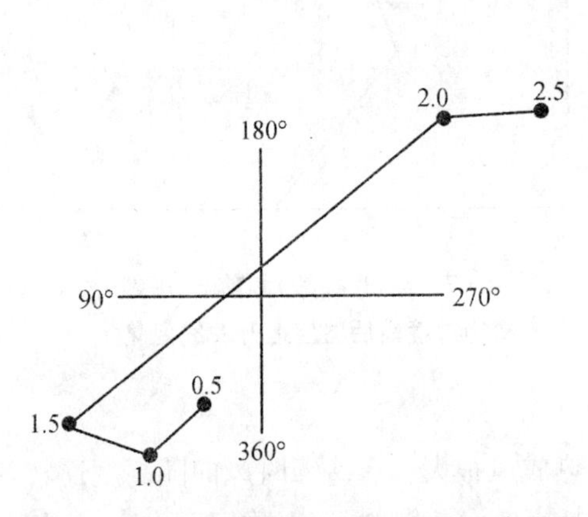

图 4-10　测站上空有静止锋时的单站高空风

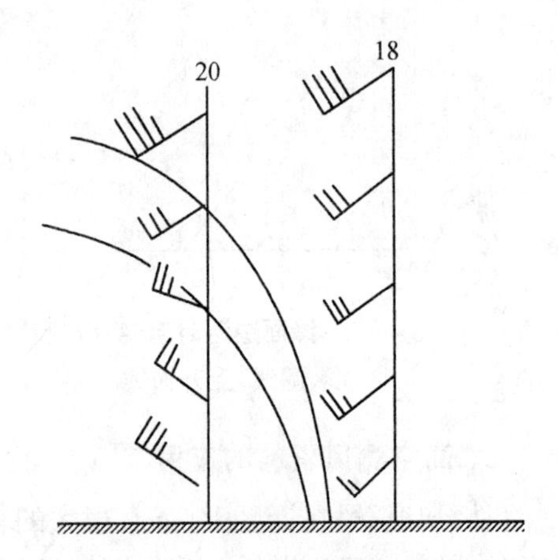

图 4-11　冷锋过境前后的测风时间剖面

三、天气实况的应用

还可以用天气实况来分析锋面。先将天气实况填出来(测站的排列顺序是位于北方的测站排在上、南方的排在下,或者西方的在上、东方的在下),应用与分析地面图同样的方法进行分析,就可看出各站有无锋面过境和过站的时间(图 4-12)。

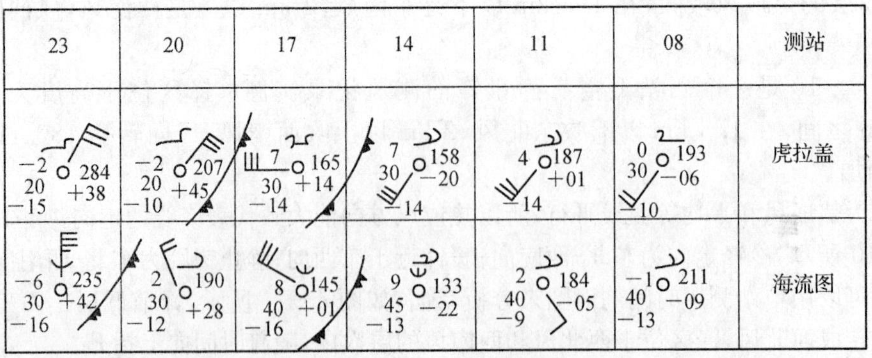

23	20	17	14	11	08	测站
−2 284 20 +38 −15	−2 207 20 +45 −10	7 165 30 +14 −14	7 158 30 −20 −14	4 187 +01 −14	0 193 30 −06 −10	虎拉盖
−6 235 30 +42 −16	2 190 30 +28 −12	8 145 40 +01 −16	9 133 45 −22 −13	2 184 40 −05 −9	−1 211 40 −09 −13	海流图

图 4-12　天气实况演变

§4.2　天气分析原则

要分析好天气图，要以高度负责的态度来对待天气图分析工作，同时还必须在整个分析过程中，努力克服因主观性、片面性和表面性所造成的错误，正确地运用天气学原理来处理所遇到的各种问题。

根据广大气象台站预报人员进行天气图分析的实践经验，归纳起来，做好天气分析需要掌握以下一些原则。

4.2.1　注意正确地判断错误记录

天气图上所填的记录，时常会出现一些错误。对于这些错误记录，必须把它们鉴别出来，不然就会导致分析上的错误。鉴别方法之一就是互相比较，就是把有关记录加以比较后，就能够正确地判断哪些记录是正确的，哪些记录是错误的。

错误记录产生的原因通常有两种：一种是因仪器本身不标准或测站海拔高度不准确等而造成的误差，称之为系统性误差，这种误差比较固定，也比较容易发现，只要与附近测站的记录比较多次，便可找出其误差订正值，订正后的记录仍可使用；另一种是因观测、通信、填图等造成的误差，称之为偶然性误差，这种误差并不固定，但也可以借比较鉴别出来。

比较的方法大致有 4 种：

(1) 比较同一时间不同台站的记录。如某台站的某要素比周围几个台站显然偏高或偏低。若照此记录加以分析就会发现不合理现象。这样的记录就可以判断为错误记录，分析时应不予考虑或在订正后再使用。

(2) 比较同一台站不同要素的记录。例如，某测站的能见度为 2 km，而同时其天气现象有大雾，两者是矛盾的，因此其中必有一项是错误的，这时应结合当时的天气形势，决定选用哪一个，舍弃哪一个。

(3) 比较同一测站不同时间的记录。例如，某站的温度记录较前次观测记录显然降低很多。若照此记录分析，便会出现一个很显著的冷中心，而此冷中心在前一时刻的图上并不存在。在这种情况下，一般可判断此温度记录不可靠。

(4) 比较同一台站不同高度的记录。在高空等压面图分析中，常常有个别测站高度或温度记录偏高或偏低的现象。如果这个测站在其他等压面上的同时记录并没有偏高或偏低的现象，那么可以把可疑记录用静力学关系进行订正后再使用。根据

$$H_p - H_{p_1} = \frac{RT_m}{9.8}\ln\frac{P_1}{P}$$

可知，当两等压面的数值 P_1 和 P 已取定后，在 H_p、H_{p_1} 和 T_m 三个参数中，只要知道两个数值就可以求出另一个数值。在温度对数压力图上沿 920、720 和 529 hPa 各等压线上有一排排黄色圆点，旁边所标数字即分别为 1 000～850、850～700 和 700～500 hPa 等两气层在各不同虚温下的相对位势高度(以 dagpm 为单位)。我们用两层间平均温度代替平

均虚温，可粗略地进行订正。如某站 700 hPa 上的记录为－20 ℃，278 dagpm；500 hPa 的记录为－36 ℃，530 dagpm。在分析中，经与周围记录比较和判断后，怀疑该站 700 hPa 位势高度 278 dagpm 可能是错误的，而 500 hPa 上记录和 700 hPa 上该站温度记录均是正确的。这样，可先求出两气层间的平均温度

$$T_m = \frac{(-20)+(-36)}{2} = -28(℃)$$

然后，在温度对数压力图上，查到－28 ℃所对应的 700～500 hPa 间厚度（ΔH）约为 242 dagpm。那么根据$\Delta H = H_{500} - H_{700}$，则$H_{700} = H_{500} - \Delta H = 530 - 242 = 288$(dagpm)，此值即为订正后的 700 hPa 位势高度。

其他各层的位势高度也可用类似方法求得。

4.2.2 注意正确地应用记录

天气图上所填的许多观测记录中，就其反映大气情况方面的特点可大致分为两类：一类是能够反映大范围大气运动的记录；另一类是反映某一局部地区大气运动特点的记录。前者称为记录有代表性，后者称为记录有地方性。在各种气象要素中，气压和云受局部影响较小，代表性较好，能反映大范围大气运动的共同特点；而温度和风等要素则容易受局地影响，代表性较差，常常不能反映大范围大气运动的共同特点，而只能反映局部地区大气运动的特殊性。例如，在分析天气图时，经常可以发现华北平原测站的温度要比其西侧黄土高原高好几度。初学者往往误认为有锋面存在，实际上是由于黄土高原比华北平原海拔高出 1 千米左右所造成的。另外，地面的气温受天空状况的影响也很大。如阴天或下雨地区白天的最高温度要比晴朗无云地区低好几度，而晚上最低温度要比晴朗无云地区高好几度；再如北京，由于受山谷风和海陆风的影响，上午吹偏北风，下午吹偏西南风，这种风向的日变化完全是由北京地区的地形特点所造成的，并不意味着大范围气压形势在发生变化。因此，在应用这些记录时，需要注意：只有内陆平原地区的风才能代表大范围空气运动；而且只有海拔高度相近的测站温度才能够相互比较。

地方性记录，虽然不能反映大范围大气运动的共同特点，但却反映了局部地区的客观真实的情况。因此，当我们着眼于分析某一局部地区的天气演变时，就应当十分慎重地分析地方性记录的特点，而不能简单地以一般性代替特殊性。如果我们能熟悉地掌握各站的地方性规律，同样可以对天气分析有很大帮助。例如，西安在冷锋过境后经常吹西南风，这种现象虽然不符合冷锋过境后一般吹西北风的规律，但这一现象经当地预报人员多次分析，确认它符合实际情况后，就可以利用这种风的强烈的地方性特点作为分析该地区锋面活动的一项客观指标。由此可见，天气图上的每一个记录只要它是正确的，都是有用的，而不应轻易放过。

4.2.3 注意天气系统演变的历史连贯性

天气系统的生消演变有一定的历史过程，所以，当我们在分析天气图时，就应该注意天气系统演变的历史连贯性。当我们在图上某一地区分析出一个天气系统时，就要查看

一下前一时次天气图上的情形，看看它是从哪儿移来的；根据过去的移动速度，看看它到达现在的位置，是什么因素造成的；看看它过去的中心强度，再分析它现在的强度变化是什么因素造成的。另外，大气中的天气系统也经历着不断有新的系统生成、旧的系统消失的过程。当在天气图上某一区域分析出一个新生的天气系统时，就要看看这个地区过去一段时间内有没有使其新生的条件。反之，如果前一张图上的某一个天气系统在这一张图上"失踪"了，那就得找找它过去一段时间内有没有趋于消亡的迹象。

总之，我们不能在天气图上任意分析出一些前后矛盾的现象。但在实际工作中，有时由于前后两张图的时间间隔较长，对于那些生消演变迅速尺度较小的天气系统，可能在图上看不出它的演变历史，而似乎有突然生成或突然消失的现象，这就不能看作是前后矛盾。

4.2.4　各种图的配合和各种气象要素之间的合理关系

由于天气系统发生在三维空间中，为了能够全面了解它的状况，因此在天气分析中，必须注意分析上下层图之间的配合，得出符合它们之间的辨证关系。对于天气图上的每一个系统，如高压、低压、槽、脊、锋等，都要严格按照气压系统的上下层对应关系，并清楚它们在各层天气图上的反映，检查分析中有无遗漏。

此外，大气中各个气象要素之间都是相互联系、相互制约的。例如，自由大气中风的分布是与气压分布相适应的；水平气压场随高度的变化是和气层平均温度的水平分布密切联系的等等。因此，在天气分析中，不论分析哪一种要素都必须与其他要素有机地联系起来考虑，使分析结果符合各要素之间的合理关系，否则就不可能真正反映出它们之间的内在联系。例如，在地面图上分析锋面时必须和气压形势相配合；在高空图上分析时要注意每一个系统与温压场配合；高度系统的深浅及上下层高度系统中心的重合或偏离现象必须与温度场相适应，否则分析一定存在问题。

4.2.5　从实际出发抓住分析重点

由于大气的运动是复杂的，是由大、中、小各种不同尺度的运动系统组成的，而尺度不同的系统，它们的运动规律和对天气的影响也不相同，因此对于存在着许多矛盾的复杂运动的大气，不能把所有大、小系统一把抓，不分轻重，不分主次，而应当根据各地的具体天气特点和气象保障任务要求，抓住分析中的重点系统。例如，应特别认真分析好地面图上的锋面和等压面图上的低槽和急流，因为它们是大气中各种矛盾最集中的地方，对天气影响最大。对于24小时以内的短期预报，就要着重分析国内的有关地区。在预报地区附近，即使是等高线或锋面上的小弯曲也必须慎重考虑，因为这些小弯曲往往代表了一些中、小尺度的系统，它们在短时间内(6～24小时)会影响整个预报区域的天气。对于做48小时以上的中期预报，不仅需要分析国内地区，而且应该分析整个东亚，甚至整个欧亚地区。在分析时，一般应着重分析范围为几千千米的大尺度系统，而对于一些小弯曲则应该划掉(有发展前途的小槽除外)，因为这些小弯曲只有几小时到几十小时的生命史，对中期预报没有太大影响。

4.2.6 考察天气图分析的一般标准

天气图怎样分析才算正确呢？通常要从以下几个标准进行考查：

1. 认真细致

能独立完成分析，注意理论联系实际，能将所学理论运用到实际分析中去，无粗枝大叶现象，无丢、漏分析项目，不随意舍弃记录。

2. 分析正确

符合天气学原理的基本概念和天气分析原则，无原则性、概念性错误出现。天气系统中心及槽脊、锋面位置准确，符合历史连续性，上下层之间配合合理。无错漏天气系统符号、项目的现象。

3. 符合要求

等值线平滑，无不规则的小弯曲和骤然曲折；等值线间疏密和弯曲发生变化要保持渐近性，线条要均匀一致，深浅适度。

4. 合乎规定

分析和各种标注严格按技术规定进行。

5. 整洁美观

图面清洁，线条流畅，边界齐整，整体美观大方；天气系统符号标注正确，数值标注清晰正确，天气区分析准确。

6. 分析迅速

在规定时间内完成分析。

分析天气图表，是制作天气预报的重要步骤。分析的重大差错，往往会导致预报的失败，甚至给气象保障工作造成严重后果，必须做到及时准确、精细严密、一丝不苟。

实习四 锋面综合分析

一、实习目的

在锋面初步分析的基础上，了解锋的空间结构特征，学会结合 850 hPa 图上的锋区位置进行上下层配合定锋。

二、实习内容及资料

这一部分给出一个实例。学生应根据实例中给出的地面要素场和相应的850 hPa 高空图，上下配合定出锋面位置。

(1) 综合分析 1(地面图)、综合分析 2(地面图)。可在教师指导下，定出该时次的地面图上的锋面。

(2) 综合分析 3(地面图)、综合分析 4(850 hPa 图)、综合分析 5(700 hPa 图)、综合分析 6(500 hPa 图)。了解锋的空间结构并结合该时次的 850 hPa 图及前时次的地面锋面位置，定出该时次的地面锋面位置。

三、要求

(1) 地面图分析的要求与锋面初步分析中的前三点相同。

(2) 高空图分析要求。

① 分析等高线并标注高低中心；

② 分析槽线和切变线；

③ 分析等温线并标注冷暖中心，注意高空锋区的位置以及冷暖平流的区域。

(3) 根据上下层配合情况，定出地面图上的锋(包括冷锋、暖锋、静止锋、锢囚锋)。

四、分析步骤

(1) 完成 850 hPa 图的分析。找出 850 hPa 图上高空锋区的位置，判别各个不同部位的温度平流性质。

(2) 在 850 hPa 图上锋区的靠暖区一侧的下方，从地面图上寻找地面锋的大概位置，在寻找出地面锋的大概位置后，利用“锋面的初步分析”中介绍的方法，逐站比较分析，确定地面锋的具体位置。

(3) 在确定地面锋面的位置后，根据 850 hPa 图上锋区的温度平流性质，再确定地面锋的性质。一般情况是：850 hPa 上冷平流区的前方，地面上有冷锋，暖平流区的下方，地面上有暖锋；温度平流不明显的地方，对应静止锋。注意：同一条高空锋区的不同部位可以有不同的温度平流性质，所以其下方对应的地面锋面，在某一段上可以是暖锋，而在另一段上可以是冷锋，在有的部位还可能是静止锋，不能粗心大意“一刀切”。

实验五

温带气旋的分析

东亚地区的温带气旋主要发生在两个地区:一个地区位于45°N～55°N,以黑龙江、吉林与内蒙古交界地区为最多,习惯称这一地区发生的气旋为北方气旋;另一地区位于25°N～35°N,即我国江淮流域、东海和日本南部海面的广大地区,习惯上称这些地区的气旋为南方气旋。本实验将分别介绍北方气旋和南方气旋的发生、发展过程、天气的统计特征以及它们的预报,并对一次北方气旋实例进行实习。

§5.1 北方气旋的特征及其发生、发展过程

5.1.1 北方气旋的统计特征

(1) 北方气旋包括蒙古气旋(多生成于蒙古中部和东部)、东北气旋(又称东北低压,多系蒙古气旋或河套、华北及渤海等地的气旋移到东北地区而改称)、黄河气旋(生成于河套及黄河下游地区)、黄海气旋(生成于黄海或由内陆移来的气旋)等。

(2) 据1971～1980年的10年资料统计,北方气旋每年平均出现70次左右,四季均可发生。

(3) 春季最多,占全年的32.0%,冬季最少,占16.4%;蒙古气旋是东亚最强的温带气旋,最大直径达2 000 km;初生时中心气压平均为1 004 hPa,最低976 hPa,最高1 028 hPa。发展过程中,中心气压平均为998 hPa,最低可达971 hPa。

(4) 北方气旋引起的天气主要是大风、沙尘和降水。例如,当蒙古气旋强烈发展时,在气旋暖区中,由于南(东)高、北(西)低的气压场影响,常造成偏南大风。而当北方气旋冷锋过境后,则常出现偏北大风,冷锋影响时有时还带来降水天气。一般来说,黄河气旋的降水机率远大于蒙古气旋。

5.1.2 蒙古气旋的发生过程

蒙古气旋绝大多数是在蒙古境内生成的,只有少量的是从50°N以北移入的。蒙古气旋的发生过程通常有以下三种类型:

一、暖区新生气旋

这类蒙古气旋发生次数最多。当中亚或西伯利亚气旋移到蒙古西北或西部时,受萨彦岭和阿尔泰山等山脉影响,往往减弱,如图5-1(a)所示。一部分过山后,在蒙古重新发展,形成蒙古气旋。有的则移向中西伯利亚,移到贝加尔湖地区后,其中心部分常和南

边的暖区脱离向东北方向移去。冷锋南段则受到地形阻挡移动缓慢，在其前方暖区内形成一个新的低压中心，如图 5-1(b)所示，并逐渐发展成蒙古气旋。在形成之初，低压内常常没有锋面，以后西边的冷空气进入低压产生冷锋。当有高空槽从西边移入蒙古时，在槽前暖平流的作用下形成暖锋，如图 5-1(c)所示。

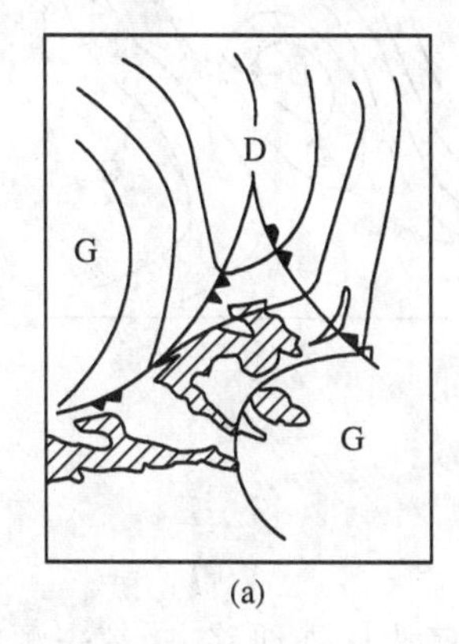

(a)

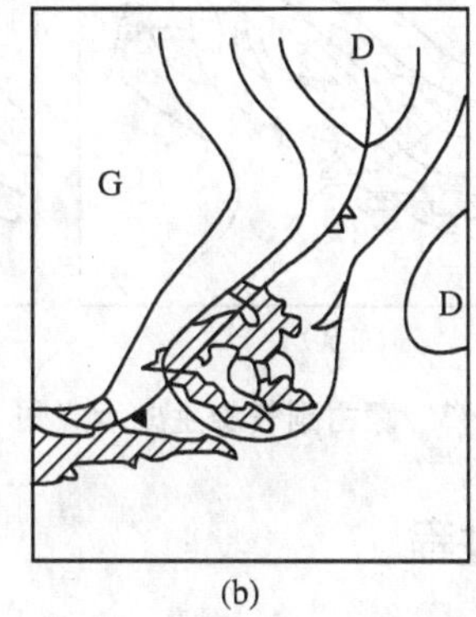

(b)

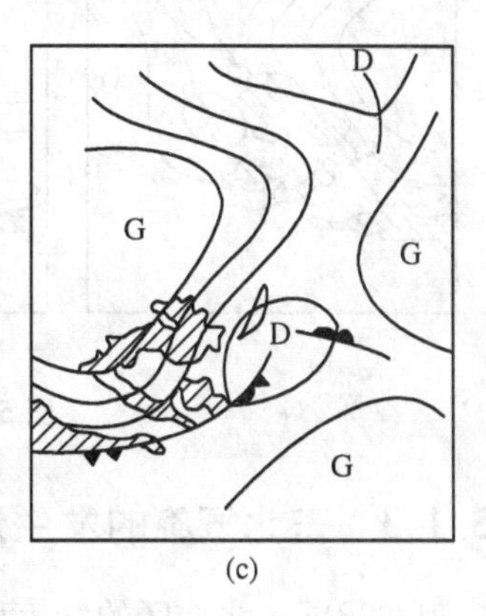

(c)

图 5-1　暖区新生气旋示意图

二、冷锋进入倒槽生成气旋

从中亚移来或在新疆北部发展起来伸向蒙古西部的暖性倒槽，当其发展较强时，往往在倒槽北部形成一个低压，有冷锋进入其后部时即形成气旋（开始时不一定有暖锋，见图 5-2）。

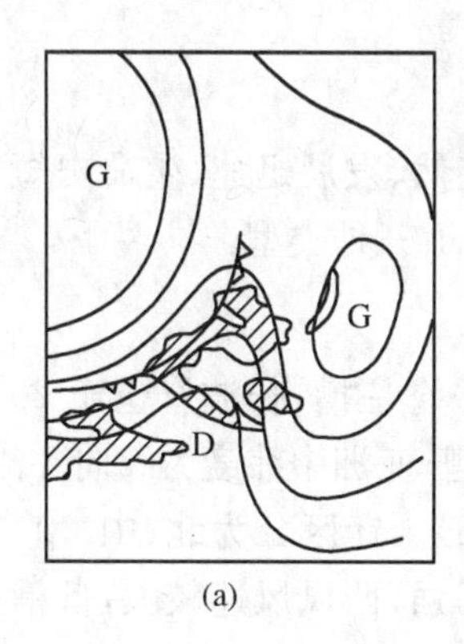

(a)

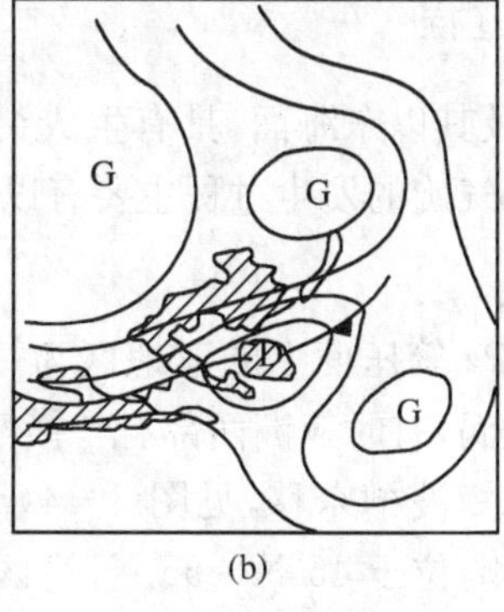

(b)

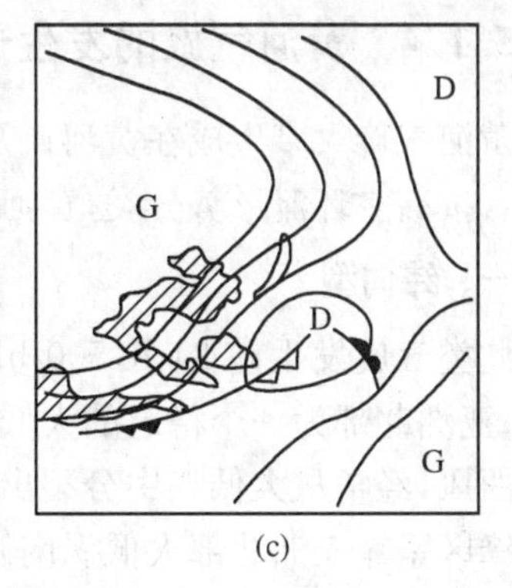

(c)

图 5-2　冷锋进入倒槽生成气旋示意图

三、蒙古副气旋

两股冷空气，一股从萨彦岭以北的安加拉河、贝加尔湖谷地进入蒙古中部，另一股从巴尔喀什湖以东谷地进入我国新疆北部，它们把蒙古西部围成了一个相对的低压区。这时冷空气的主力仍停留在蒙古西北部，以后随着冷空气向东移动，在其前方的相对低压区里产生气旋，并获得发展。由于在此气旋出现之前，从萨彦岭以北安加拉河、贝加尔湖谷地进入蒙古中部的那股冷空气的前沿，已经形成了一个蒙古气旋，所以称其为蒙古副气旋。当有副气旋生成时，前一个蒙古气旋就很快东移填塞，而大多数副气旋发生后能发展。图 5－3 是副气旋生成过程的示意图。

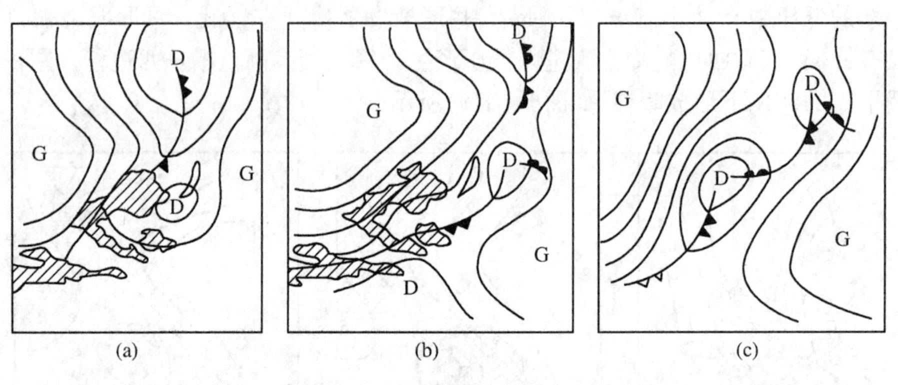

图 5－3　蒙古副气旋生成示意图

5.1.3　东北气旋的发生过程

出现在我国东北地区的气旋称为东北气旋。东北气旋多数从外地移来，其来源有三类：第一类是蒙古气旋移入东北地区，这类占东北气旋的大部分；第二类是形成于黄河下游的气旋，当高空槽经向度较大时，在槽前偏南气流的引导下，北上进入东北地区；第三类是在东北地区就地形成的气旋，这类气旋出现不多，强度也不大，无多大发展和移动。在个别情况下，副热带急流与温带急流合并，高空急流经向度很大，南方气旋也会进入东北地区。

5.1.4　黄河气旋的发生过程

黄河气旋大多生成在黄河口及其以东海面，具有生成突然、发展迅速、生命史短暂等特点。按高空环流形势分类，黄河气旋的发生过程主要有以下三种类型：

一、纬向型

此类气旋发生前 24 h，500 hPa 等压面上欧亚地区为一脊一槽，长波脊位于 20°E～50°E；亚洲北部为一个稳定的大低涡，有时亚洲西部有一横槽；亚洲中纬度为纬向环流，盛行偏西风，经常从大低涡中分裂出短波槽东移，见图 5－4(a)。锋区分为北、中、南三支。北支锋区紧靠亚洲北部大低涡南侧，位于 45°N～55°N，锋区强，西风风速较大，低槽东移速度较快；中支锋区在 35°N～45°N，锋区较弱，西风风速较小，低槽移速较前者慢，黄河气旋即产生于这支锋区上；南支锋区位于 25°N 附近，它的西风风速及锋区强度往往不弱于北支锋区。三支锋区的配置，与气旋的发生、发展及大风的强弱有着密切关系。多数情况下，中支与南支锋区上的两支低槽是同位相的，低槽前部的地面减压，首先在太行山东侧形成低压，待冷空气进入后，然后在黄河下游形成气旋入海。气旋生成前 24～36 h，500 hPa等压面上在哈密、银川之间有一低槽，700 或 850 hPa 等压面上在 40°N 以南、105°E 以东的中支锋区上为西南气流，暖平流较明显。相应地面图上，华西倒槽发展，伸向黄河中下游，其中常有暖性低压出现；倒槽后部有冷锋经河西走廊东移，见图 5－4(b)。

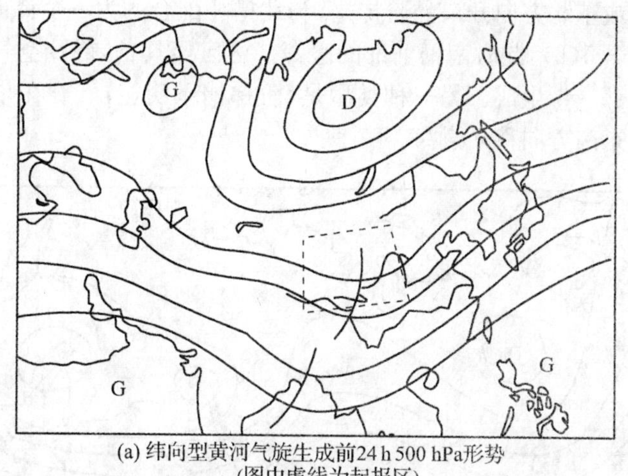

(a) 纬向型黄河气旋生成前24 h 500 hPa形势
(图中虚线为起报区)

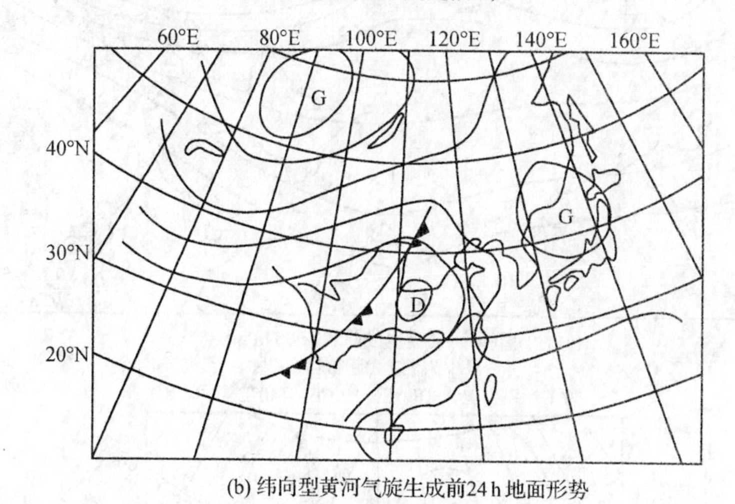

(b) 纬向型黄河气旋生成前24 h 地面形势

图 5－4　纬向型黄河气旋生成前 24 h500 hPa 和地面形势

二、经向型

经向型黄河气旋发生前后 500 hPa 上亚欧中高纬度为经向环流，欧亚为稳定的两槽一脊形势，见图 5－5(a)。长波脊位于 70°E～90°E 之间，长波脊的两侧，即东欧和亚洲东部各有一个较深厚的低压槽，从中西伯利亚经蒙古到我国渤海、黄海为稳定的西北气流控制，北支锋区上的短波槽沿锋区向东南方向移动，移过 120°E 后并入东亚大槽。

锋区分为两支：一支位于西伯利亚中部经蒙古、我国华北到渤海一带，呈西北一东南向，它是北支和中支锋区合并而成，气旋即产生于这支锋区上；另一支为南支锋区，位于 25°N 附近。当两支锋区在我国东部沿海合并时，可使偏北大风影响范围向南扩大。

多数情况下，500 hPa 等压面上的高度槽不明显，但温度槽较为明显。气旋生成前 24～36 h，乌兰巴托以西为负变温，以东为正变温。700 或 850 hPa 等压面上的高度槽和温度槽均较明显，槽线呈东北-西南向，槽前为偏西气流，暖平流指向东方或东南方。地面图上，气旋生成前 24～36 h，在蒙古东部有一条东北-西南向的冷锋，中、蒙交界处到华北平原往往有向北或东北方向开口的阶梯槽，与北槽相配合的为一个锋面气旋，南槽为一个暖性干槽，见图 5－5(b)，此时南槽前部的暖锋锋区已经具备，待冷空气进入南槽后，气旋在华北到渤海西部一带生成。另一种类型是，阶梯槽不明显，气旋在华北北部生成后，沿高空引导气流向东南方向移入渤海。

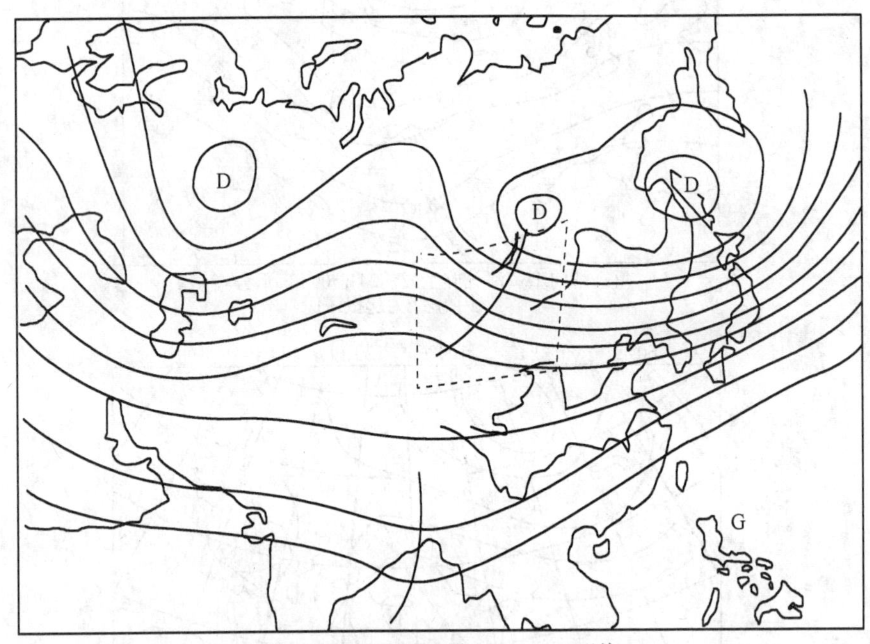

(a) 经向型黄河气旋生成前24h 500 hPa形势
(图中虚线为起报区)

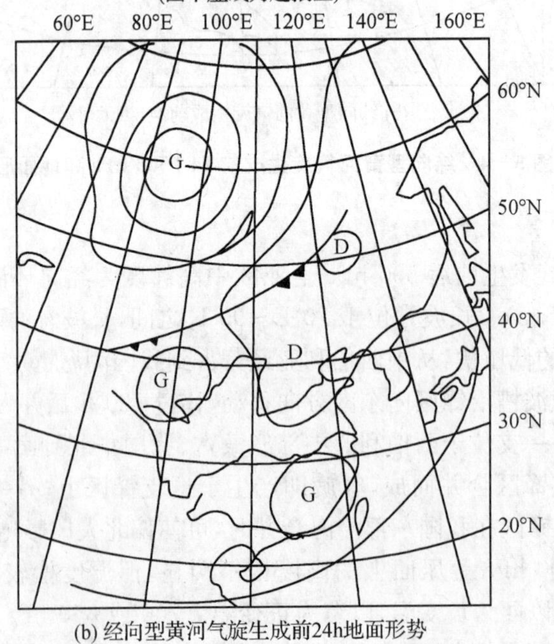

(b) 经向型黄河气旋生成前24h地面形势

图 5－5　经向型黄河气旋生成前 24 h 500 hPa 形势和地面形势

三、阻塞型

阻塞型气旋生成前后，500 hPa 等压面上亚洲北部(55°N～75° N、80°E～110°E)是一个稳定的阻高，其两侧的乌拉尔山和俄罗斯的滨海省各为一个切断低涡(图 5－6)，西风分支点一般位于乌拉尔山南部或咸海一带，北支锋区绕过阻高，在贝加尔湖以东形成一支西北-东南向的强锋区；在阻高南侧的中支锋区较平直，强度较弱、中支锋区上经常有短波槽东移。两支锋区的汇合点一般在华北东部到渤海一带。此类黄河气旋发生过程具有经向型气旋和纬向型气旋相结合的特征，气旋先在中支锋区上生成，气旋入海后，北支锋区上的冷空气很快南下侵入气旋后部，引起较强的偏北大风。

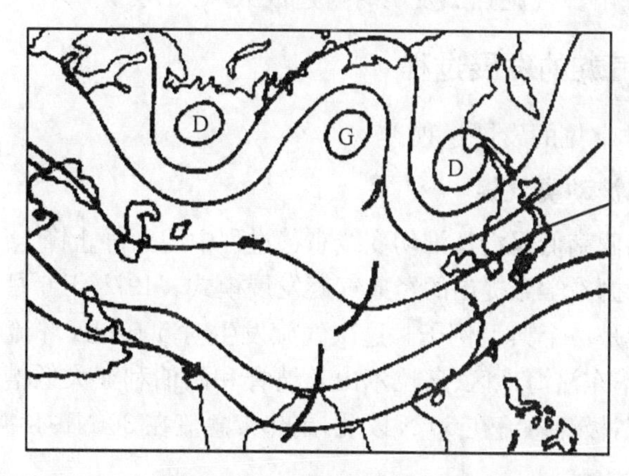

图 5－6　阻塞型黄河气旋生成前 24h 500 hPa 形势

§5.2　南方气旋的特征及其发生、发展过程

南方气旋包括江淮气旋(主要发生在长江中下游、淮河流域和湘赣地区)、东海气旋(主要活动于东海地区，有的是江淮气旋东移入海后而改成的，有的是在东海地区生成的)和黄淮气旋(主要发生在黄淮一带)等等。这里简要介绍江淮气旋的特征及发生过程。

5.2.1　江淮气旋的气候特征

根据 1961～1980 年共 20 年的资料统计，共发生江淮气旋 310 次，年平均 15.5 次，最多年份(1965 年，1972 年)为 23 次，最少年份(1978 年)为 6 次；4 月最多，达 52 次，10 月最少，仅 11 次，其中 30%为发展气旋；7 月气旋发生机率最高，占发展气旋总数的43.7%，2 月和 8 月气旋发生机率最低，只占 12.5%。

江淮气旋的源地集中在淮河上游、大别山区东北侧及黄山北麓的苏皖平原、洞庭湖盆地、鄱阳湖盆地四个地区。

江淮气旋的平均移动路径主要有两条：一条是北路东移路径，主要由淮河上游经洪泽湖从盐城南部入海，过朝鲜半岛向东北方向进入日本海；另一条路径是南路东移路径，由洞庭湖出发经黄山北部、皖中平原到江苏南部沿海，从长江口向长崎、大阪一带移去。移动路径也会随季节的变化而变化。

江淮气旋发生时中心最高气压为 1 025 hPa(1974 年 12 月 17 日 02 时),最低为 994 hPa(1974 年 6 月 20 日 02 时);7 月份,平均中心气压最低,为 999.9 hPa。气旋在海上容易发展,在 125°E 以西发展气旋最多闭合等压线为 6 圈,最大 12 h 降压值为 7 hPa。在 125°E～140°E 范围内,闭合等压线最多可达 10 圈(1970 年 5 月 12 日 08 时和 1964 年 6 月 3 日 08 时),最大 12 h 降压值可达 16 hPa(1971 年 5 月 25 日 07～14 时)。气旋在短时间内大幅度加深称为气旋的爆发性发展。

多数的江淮气旋可造成强降水。例如,在江苏 58.7%的江淮气旋可造成暴雨过程,21%可造成大暴雨,2.7%可造成特大暴雨过程。发展气旋占气旋总数的 30%,而有 70%的发展气旋可产生暴雨。气旋强烈发展时可造成大风天气。

5.2.2　南方气旋的发展过程

南方气旋有两类常见的发展过程。

一、静止锋上的波动类气旋

波动类气旋是指西南低涡沿江淮切变线东移过程中地面静止锋上产生的气旋波。此类气旋发生过程类似于挪威学派提出的经典气旋发展模式。1978 年 6 月 25 日发生在淮河上游梅雨锋上的弱气旋是一个典型例子。这次气旋发生时 500 hPa 环流特征是:西太平洋副高脊加强北跳,控制华东沿海地区、乌拉尔山长波脊和西伯利亚大低槽建立,在亚洲中纬地区盛行纬向西风环流,极锋急流在 50°N 以北,副热带急流在 30°N～40°N 之间(图 5-7)。

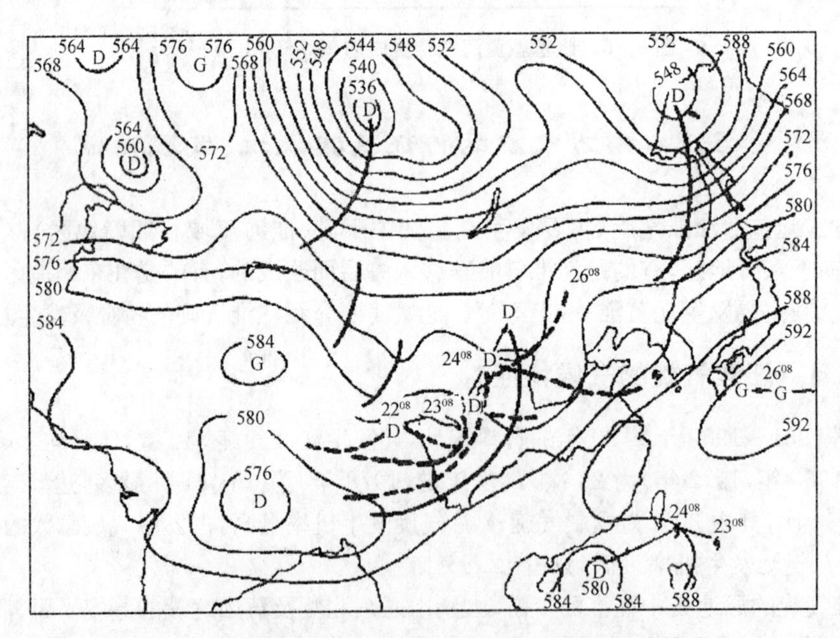

图 5-7　1978 年 6 月 25 日 08 时 500 hPa 形势和南支槽动态

这次气旋的具体发展过程有以下几个阶段:

1. *高原低槽东移减弱*

1978 年 6 月 22 日 08 时,在 300 hPa 副热带急流上有一个低槽越过青藏高原东移,25

日晨移到河套地区上空时，地面气旋就发生在这个低槽前部。高空低槽到达华北时与我国东部沿海的强高压脊相遇后减弱北缩，因此，地面气旋发生后没有发展。

2. 西南涡产生后沿切变线东移

1978 年 6 月 22 日 20 时，700 hPa 等压面上，在高原低槽前部的横断山脉东坡产生一个暖性低涡，低涡在高空槽前辐散气流诱导下，沿高原东侧的切变线东移，并逐渐向低层发展；23 日 20 时低涡进入四川盆地时出现在 850 hPa 等压面上；25 日晨移到淮河上游时发展成地面气旋。

3. 低空西南急流的建立

在对流层下部，1978 年 6 月 22 日有一个大陆变性高压经华北入海，并入西太平洋副高，使副高加强西伸。在海上高压与西南涡之间出现东升西降的变高梯度，西南气流加强形成一支低空急流。这支西南急流向暴雨区大量地输送水汽和不稳定能量，暖平流输送则引起地面气压下降，西南倒槽发展，最终形成低气压。

4. 江淮静止锋上产生气旋波

气旋发生前，在江淮静止锋上空，对流层下部维持着一条东西向切变线。切变线的辐合流场有利于锋区加强、水汽集中和能量积累，产生上升运动和正涡度。所以，西南涡沿切变线东移时不断加强，由于局地锋生作用，对应地面静止锋的低空锋区逐渐加强并向高层发展，与高空副热带锋区相接，形成一支深厚的对流层锋区。1978 年 6 月 25 日 02 时在地面静止锋上产生气旋波。

二、倒槽锋生气旋(焊接类气旋)

倒槽锋生气旋也称焊接类气旋，是指北支槽与西南涡结合，河西冷锋进入地面倒槽与暖锋相接产生的气旋。它发生在极锋上的北支槽与南支槽合并东移的形势下，高空涡度平流、对流层下部的温度平流和潜热释放对气旋发展都有较大贡献，因此，气旋经常强烈发展。1973 年 4 月 30 日发生在皖北的气旋是此类气旋的典型例子。这个气旋发展的环流背景(图 5－8)与上述波动类气旋基本相似，不同的是西风带与副高位置都偏南得多，极锋锋区在 45°N 附近。

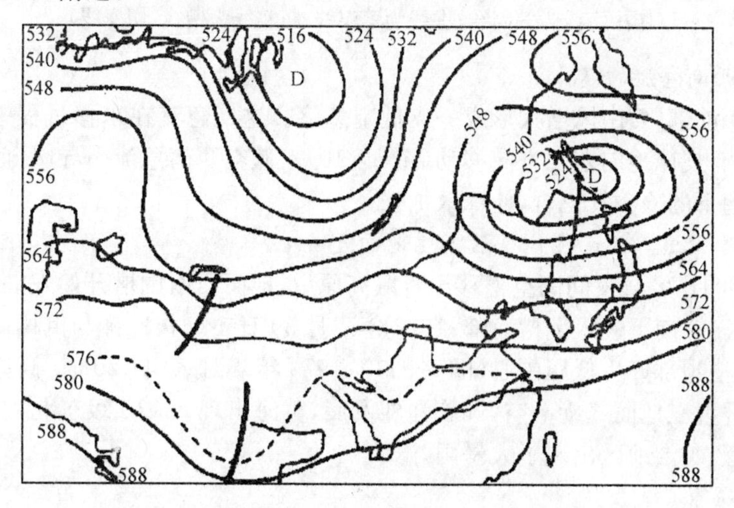

图 5－8　1973 年 4 月 30 日 08 时 500 hPa 形势

以下是这次气旋的具体发展过程：

1. 北支槽与南支槽合并

1973 年 4 月 28 日 08 时 500 hPa 等压面上，在青藏高原有一个南支槽，在极锋上有一个北支槽位于巴尔喀什湖附近。1973 年 4 月 29 日 08 时，南、北两支低槽合并东移发展，引起地面气旋发生并强烈发展。

2. 北支槽与西南涡结合

1973 年 4 月 28 日 20 时，在高原低槽前部 700 hPa 等压面上产生一个西南涡；29 日 08 时低涡与北支槽结合(图 5－9)，槽后冷空气侵入低涡后部。经验指出，北槽与南涡结合，是焊接类气旋发生发展过程最典型的形式。

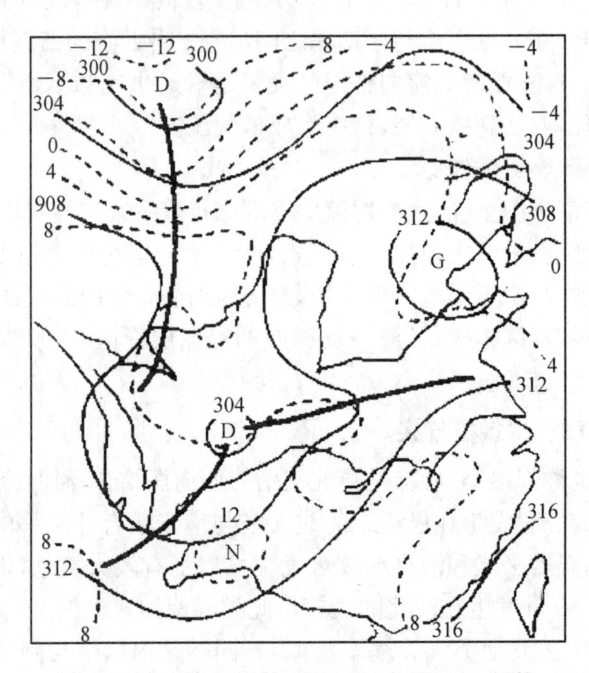

图 5－9　1973 年 4 月 29 日 08 时 700 hPa 形势

(图中实线为等高线；虚线为等温线；粗实线为槽线、切变线)

3. 低空西南急流的建立

在西南涡前部，西南风增大形成一支低空急流。这支急流在东移过程中不断加强北上，急流中心有规律地向东北方向移动(图 5－10)。低空西南急流引导暖湿空气北上，与西南涡后部南下的冷空气汇合，使锋区加强。

4. 河西冷锋进入西南侧倒槽后产生地面气旋

1973 年 4 月 28 日夜间高空槽移出青藏高原后，地面西南倒槽开始发展；北槽与南涡结合后，河西冷锋南下进入倒槽后部；1973 年 4 月 30 日 14 时，冷锋与倒槽前部的暖锋相接，同时在倒槽顶部产生低压中心(图 5－11)；1973 年 4 月 30 日 20 时，高原低槽前部正涡度平流区叠置在地面气旋上空，气旋强烈发展，黄海出现 8～10 级东北大风，伴随这次气旋发展过程，黄淮地区出现了大暴雨。

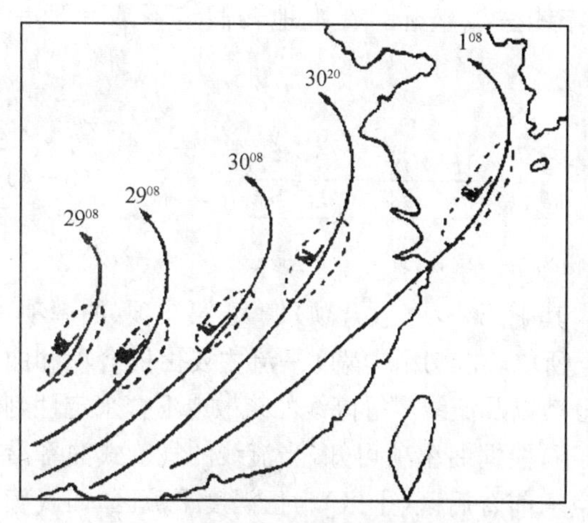

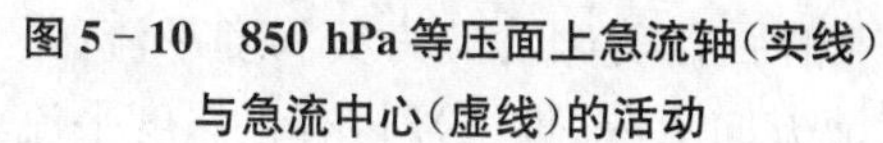
图 5-10　850 hPa 等压面上急流轴(实线)与急流中心(虚线)的活动

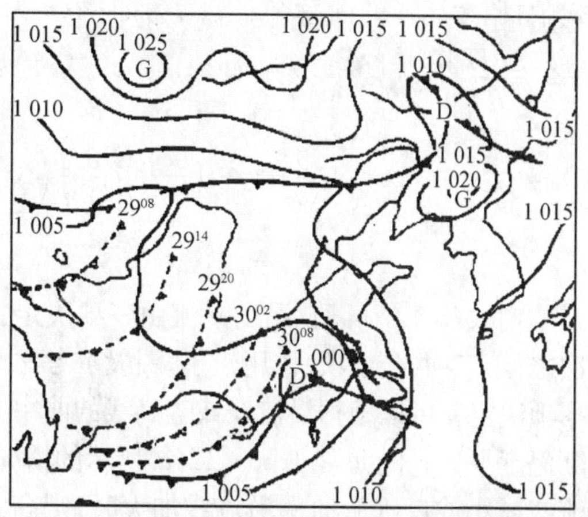

图 5-11　1973 年 4 月 30 日 14 时地面图(图中虚线为河西冷锋每隔 6 h 的过去位置)

§5.3　温带气旋的预报

5.3.1　气旋发生、发展的因子

一、地面形势预报方程

气旋的发生、发展一般可用地面形势预报方程

$$\frac{\partial H_0}{\partial t}=\frac{\partial \overline{H}}{\partial t}-\frac{R}{9.8}\ln\frac{P_0}{p}\times\left[-\overline{V\cdot\nabla T}+(\Gamma_{\mathrm{d}}-\Gamma)\omega+\frac{1}{C_p}\frac{\mathrm{d}\overline{Q}}{\mathrm{d}t}\right] \tag{5-1}$$

来诊断。由式(5-1)可知,地面(1 000 hPa)的高度(H_0)变化由四项因子决定。该式右边第一项为平均层高度($\overline{H}$)变化项,其中包括涡度平流和热成风涡度平流两部分;第二项为平均冷暖平流(即厚度平流)项;第三项为垂直运动产生的温度绝热变化项;第四项为非绝热变化项。

二、涡度平流及热成风涡度平流的定性判断

利用天气图可以定性判断涡度平流。在自然坐标中相对涡度平流可表达为

$$-V\cdot\nabla\zeta=-V\frac{\partial\zeta}{\partial s} \tag{5-2}$$

式中,V 为水平风速;s 为气流方向。

由于

$$\zeta=\frac{V}{R_s}-\frac{\partial V}{\partial n}=K_sV-\frac{\partial V}{\partial n}$$

则

$$-V\frac{\partial\zeta}{\partial s}=-V\left(K_s\frac{\partial V}{\partial s}+V\frac{\partial K_s}{\partial s}-\frac{\partial^2 V}{\partial s\partial n}\right) \tag{5-3}$$

式中，R_s为流线的曲率半径；K_s为曲率；n 为流线法线坐标。在准地转假定下，$V=V_g=-\frac{9.8}{f}\frac{\partial H}{\partial n}$，代入式(5-3)，便得

$$-V\frac{\partial \zeta}{\partial s}=-\left(\frac{9.8}{f}\right)^2\frac{\partial H}{\partial n}\Big(\underbrace{K_s\frac{\partial^2 H}{\partial s\partial n}}_{\substack{①\\ \text{散合项}}}+\underbrace{\frac{\partial H}{\partial n}\frac{\partial K_s}{\partial s}}_{\substack{②\\ \text{曲率项}}}-\underbrace{\frac{\partial}{\partial s}\frac{\partial^2 H}{\partial n^2}}_{\substack{③\\ \text{疏密项}}}\Big) \tag{5-4}$$

由式(5-4)可见，涡度平流由三项决定。其中第一项(散合项)最大，第二项(曲率项)次之，第三项(疏密项)作用较小，一般不考虑。所以，在实用时涡度平流主要由散合项和曲率项决定。可以根据沿流线或等高线的曲率分布以及流线或等高线的疏散或汇合来定性判断涡度平流。例如，在图 5-12(a)所示的情况下，根据曲率项可知，当流线的气旋式曲率沿流线减小或反气旋曲率沿流线加大时，则高空槽前脊后区(Ⅰ区)为正涡度平流区，而气旋式曲率沿流线增大，反气旋式曲率沿流线减小，则槽后脊前(Ⅱ区)为负涡度平流区。在图 5-12(b)的情况下，当气旋式曲率等高线沿气流方向疏散(Ⅲ区)时，有正涡度平流，反之有负涡度平流(Ⅱ区)。反气旋曲率沿气流方向等高线汇合时有正涡度平流(Ⅲ区)，反之有负涡度平流(Ⅳ区)。

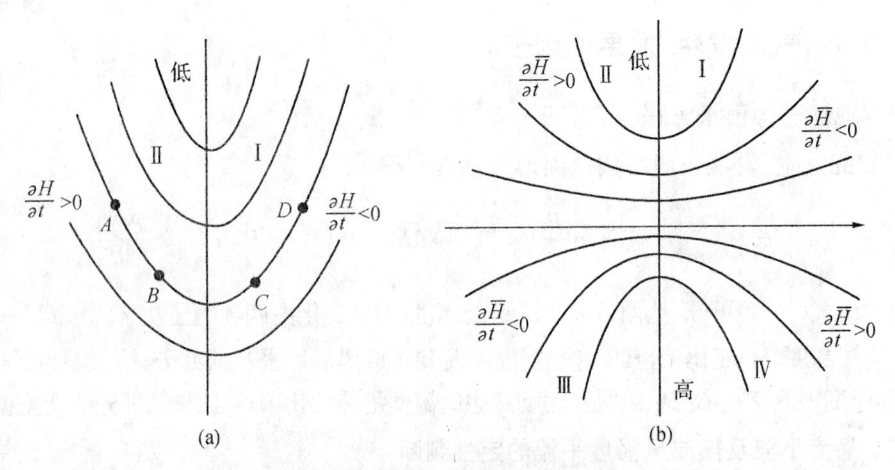

图 5-12　等高线分布与涡度平流

若把等温(厚度)线看作热成风流线，将方程式(5-4)中 V、ζ 及 H 分别改为 V_T(热成风)、ζ_T(热成风涡度)和 h(厚度)，则可用与定性判断涡度平流完全相同的办法，判断热成风涡度平流。

三、温度平流的定性分析

在天气图上定性判断温度平流很简单，将等高线近似看作流线，若流线与等温线相交，且流线由冷区指向暖区，则为冷平流，反之流线由暖区指向冷区，则为暖平流。而等高线与等温线平行区为平流零线所在。

四、非绝热加热和绝热变化影响的定性分析

非绝热加热主要包括乱流、辐射及蒸发和凝结等热力交换过程。如果只考虑湿绝热

过程，则可将方程式(5-1)中的Γ_d改为Γ_s(湿绝热递减率)，而在非绝热变化中就可以不考虑蒸发、凝结过程的影响。辐射热交换在下垫面附近最重要，在热源地区(即空气能获得热量的下垫面)，$\frac{d\overline{Q}}{dt}>0$；冷源地区(即空气传给热量的下垫面)，$\frac{d\overline{Q}}{dt}<0$。

对干绝热稳定($\Gamma_d-\Gamma>0$)大气，下沉运动($\omega>0$)使地面气压下降$\left(\frac{\partial H_0}{\partial t}<0\right)$；对湿绝热稳定($\Gamma_s-\Gamma>0$)大气，所产生的效应与上述相同。当$\Gamma_s-\Gamma<0$时，则结论相反，即上升运动有利于地面气压下降。

5.3.2 温带气旋发生、发展的判定

温带气旋的生成一般从以下三方面条件判定：

(1) 气旋环流中心开始出现；

(2) 一根以上的闭合等压线；

(3) 有暖锋和冷锋穿过气旋中心。

其中，条件(3)是必需的，若满足条件(3)再外加条件(1)，条件(2)中的任一个均可视为温带气旋新生，但只有条件(1)，条件(2)则并不能认为有温带气旋生成。

温带气旋的发展可以从以下方面判断：

(1) 气旋中心气压降低(注意应除去日变化的影响)，中心$-\Delta p$大；

(2) 气旋性环流加强，范围扩大；

(3) 与气旋相伴的正涡度中心强度加强；

(4) 气旋云系发展，降水加强。

5.3.3 蒙古气旋的发生、发展及其预报

前述三类蒙古气旋的地面形势虽有不同，但其高空温压场特征却有共同之处。当高空槽接近蒙古西部山地时，在迎风坡减弱，在背风坡加强，等高线成疏散形势(图5-13)。由于山脉的阻挡，冷空气在迎风面堆积，因而在温度场上表现为明显的温度槽和温度脊，春季我国新疆、蒙古地区下垫面的非绝热加热作用使温度脊更为明显。在蒙古中部地面上出现热低压或倒槽，当高空疏散槽的正涡度平流叠加其上时，热低压即获得动力性发展；由于低压前后的高空暖、冷平流都很强，一方面促使暖锋锋生，另一方面推动山地西部的冷锋越过山地进入蒙古中部，形成了蒙古气旋。在此过程中，高空低槽也获得发展。

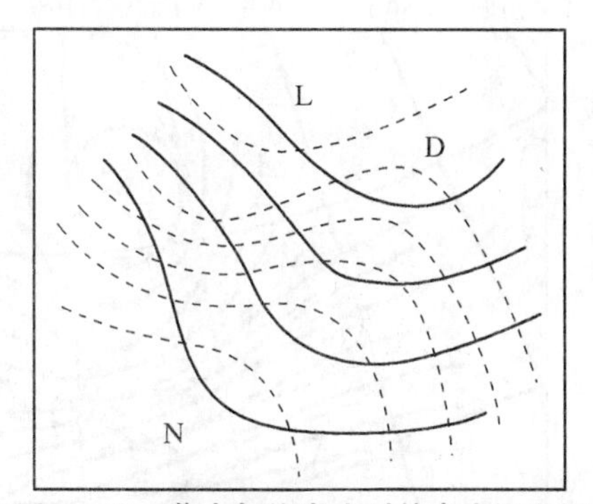

图5-13 蒙古气旋发生时的高空温压场

(图中实线为500 hPa等高线，虚线为1 000～500 hPa等温线)

蒙古气旋生成后，如果西部大槽东移到贝加尔湖以西地区，槽线转为南北向，且温度

槽落后于高度槽，槽后冷平流加强（图 5－14），地面气旋就处在高空槽前脊后的下方，将强烈发展。

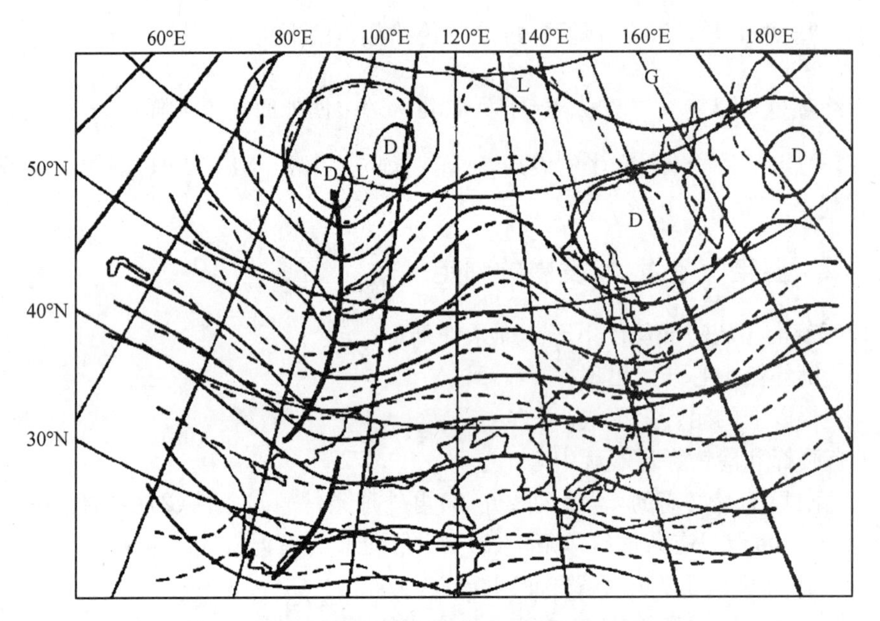

图 5－14　有利于蒙古气旋发展的 500 hPa 温压场一

（图中实线为等高线；虚线为等温线）

蒙古气旋生成后，如果在贝加尔湖西北部的低槽槽线附近冷平流加强，低槽发展加深向东南移动，青藏高原北部的暖高压脊也加强并向东北伸展，与北边贝加尔湖冷性低槽构成强锋区，而气旋处于这个锋区的出口区，气旋也将得到发展（图 5－15）。

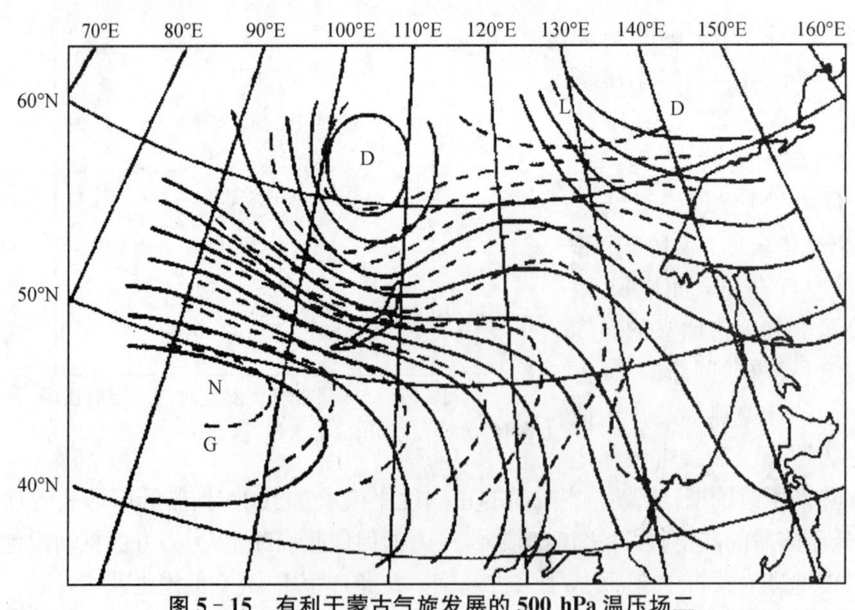

图 5－15　有利于蒙古气旋发展的 500 hPa 温压场二

（图中实线为等高线；虚线为等温线）

5.3.4　黄河气旋发生、发展的预报

前面提到黄河气旋的三种类型，但只是从形势上概括了黄河气旋生成的某种特征，提供可能产生黄河气旋的环流背景，而不能确定说具备这三种形势就一定会有气旋生成。黄河气旋的生成还必须同时具备锋区、高空槽、低空急流、地面冷锋和倒槽等条件。这里根据山东省气象台的经验对纬向型和经向型两类气旋产生前 24～36 h 分别给出起报区和起报条件。

一、纬向型气旋

纬向型气旋的起报区在 33°N～45°N、90°E～110°E 范围内。在起报区内，必须同时满足下列条件才能形成黄河气旋：① 高空有锋区通过起报区，在 700 hPa 等压面上，区内有不少于 3 条等温线（4 ℃间隔，下同）；② 700 hPa 等压面上，在起报区内有南北向的竖槽，槽线长度大于 5 个纬距，槽前有正变温、负变高，槽后有负变温、正变高；③ 700 hPa 或 850 hPa等压面上，槽前有西南气流达到 38°N 以北，暖平流从陕、晋、豫指向黄河下游，变温中心 24 h 变温达 3 ℃～6 ℃；④ 地面图上，河套以东到华北、黄河下游有倒槽，有时倒槽内有暖性低压中心，倒槽西侧有冷锋，锋的 24 h 变压≤－5 hPa。

二、经向型气旋

经向型气旋的起报区，在 40°N～53°N、90°E～110°E 范围内，必须同时满足下列条件才能形成黄河气旋：① 高空有锋区通过起报区，在 700 hPa 等压面上，区内有不少于 3 条等温线；② 700 hPa 等压面上，在起报区内有低槽，其槽线长度大于 5 个纬距，呈东北-西南或东-西向，槽前 $\Delta T_{24} \geqslant 4$℃，槽后 $\Delta T_{24} \leqslant -5$℃；③ 700 hPa 或 850 hPa 等压面上槽前有偏西风急流，暖平流从华北北部指向东或东南方向；④ 地面图上，从华北北部到黄河下游有低压槽，槽内 24 h 变压中心 $\Delta P_{24} \leqslant -5$ hPa。

5.3.5　南方气旋发生的预报

这里介绍山东省气象台总结的波动类气旋和焊接类气旋发生的天气学预报模式。

一、波动类气旋发生的预报模式

1. 第一阶段

气旋发生前三天，南支槽出现在青藏高原西部。此时 500 hPa 环流形势（图 5－16）的主要特征是：① 西伯利亚西部为一长波脊，东亚中纬度地区有一支锋区；② 青藏高原西部的南支槽前部（30°N～40°N、75°E～90°E）出现负变高；③ 西太平洋副高脊在整个过程中稳定少动，控制浙、闽沿海，脊线在 25°N 附近。

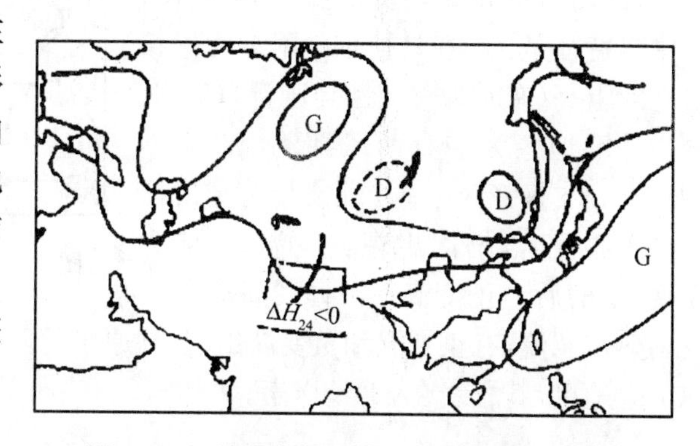

图 5－16　波动类气旋第一阶段 500 hPa 形势

2. 第二阶段

气旋发生前两天，南支槽移到青藏高原东部。此时 700 hPa 等压面上若出现以下指标，未来将发生气旋：① 我国东部沿海的低槽北段已东移入海，其南段滞留在江淮地区，已蜕变成为一条近东西向的切变线（图 5－17）；② 长江上游（25°N～35°N、100°E～110°E）出现低涡和负变高，负变高值在－1～－5 dagpm（取负值最大的三个站平均）；低涡南侧（25°N～30°N、100°E～110°E）最大 SW 风速≥10 m/s；低涡北侧（30°N～40°N、100°E～110°E）出现负变温，其值－2 ℃～－6 ℃（取负值最大的三个站平均）。

3. 第三阶段

气旋发生前一天，南支槽已移出青藏高原。此时，发生气旋的预报指标是：在700 hPa 等压面上，西南涡沿江淮切变线东移到长江中游（图 5－18）。低涡内出现负变高，低涡南侧最大 SW 风速≥12 m/s。

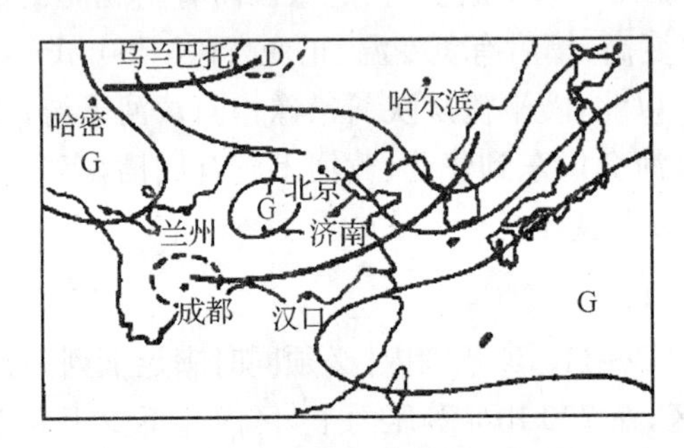

图5－17　波动类气旋第二阶段 700 hPa 形势

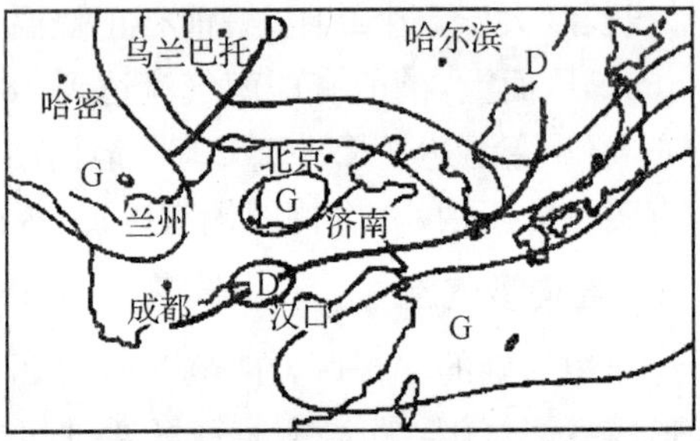

图5－18　波动类气旋第三阶段 700 hPa 形势

4. 发生阶段

700 hPa 等压面上的西南涡到达江淮地区，已并入西风带，在地面静止锋上有气旋波发生。

二、倒槽锋生（焊接类）气旋发生的预报模式

1. 第一阶段

气旋发生前三天，南、北两支低槽分别进入青藏高原西部和巴尔喀什湖以东地区，此时 500 hPa 环流形势（图 5－19）的主要特征是：① 在乌拉尔山附近为一长波脊或阻高（有时为移动性高压脊）；② 亚洲中纬度地区为平直西风环流，在 45°N 附近有一支极锋锋区；③ 北支槽有温度槽或冷中心配合，槽内出现负变温，槽前为负变高，槽后为正变高；④ 青藏高原有一支副热带急流，有正变温和负变高出现，高原东部西南风增大；⑤ 西太平洋副高脊控制华东沿海地区，其脊线在 31°N 以南。

图 5－19　焊接类气旋第一阶段 500 hPa 形势

2. 第二阶段

气旋发生前两天，北支槽进入新疆东部，700 hPa 等压面上环流形势见图 5－20。此时在 700 hPa 等压面上出现下列指标：① 前一个低槽位于黄淮地区，其后部的小高压控制河套地区；② 北支槽到达哈密附近，其后部(35°N～48°N、80°E～100°E)出现负变温≤－2 ℃(三个负值最大的站平均)，且最大 NW 风速≥8 m/s；③ 在青海湖附近(35°N～40°N、94°E～104°E)出现西北涡，或在四川盆地(28°N～33°N、102°E～108°E)出现西南涡；④ 兰州 700 hPa 高度比长沙低 2 dagpm 以上；⑤ 若长沙吹偏北风，则不发生气旋。

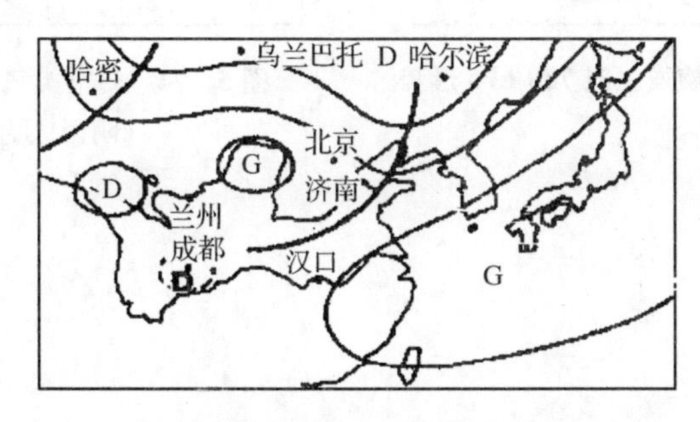

图 5－20 焊接类气旋第二阶段 700 hPa 形势

3. 第三阶段

气旋发生前一天，北支槽已与高原低槽合并，此时 700 hPa 等压面上出现下列指标(图 5－21)：① 河套小高压移到华北平原；② 西北涡、西南涡合并后与北支槽结合，槽后部(35°N～45°N、90°E～105°E)出现负变温≤－3 ℃(三个负值最大的站平均)，最大 NW 风速≥10 m/s；③ 西太平洋副高脊西侧的 SW 风明显增大，形成一支急流，最大 SW 风速≥12 m/s，这支急流经云、贵、湘、鄂抵达长江以北，与华北小高压南侧的偏东气流相遇形成一条暖切变线。

相应的地面形势如图 5－22 所示，江淮地区有一条静止锋；河西冷锋移到河套地区，锋后有小高压相随；西南倒槽发展伸向江淮地区。

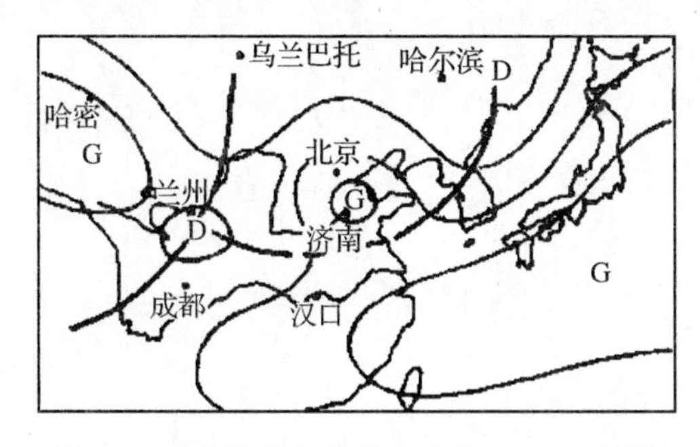

图 5－21 焊接类气旋第三阶段 700 hPa 形势

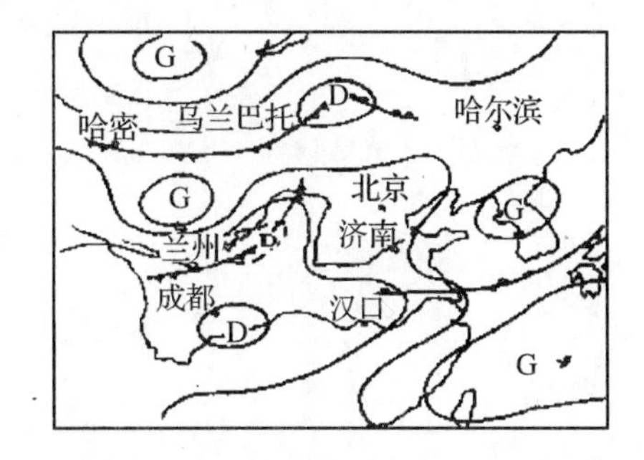

图 5－22 焊接类气旋第三阶段地面形势

4. 发生阶段

气旋发生时，在 700 hPa 等压面上(图 5－23)，北支槽已与低涡结合移到华北；华北小高压东移入海与副高合并。

相应的地面形势如图 5－24 所示，河西冷锋进入西南倒槽内，与江淮静止锋（或暖锋）相接，在倒槽内产生气旋。

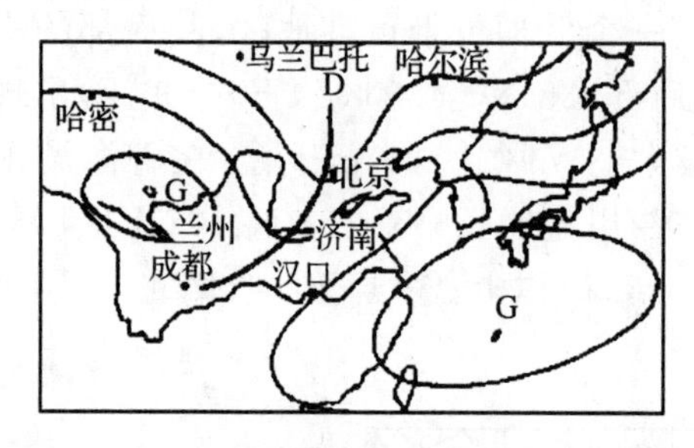

图 5－23　焊接类气旋发生时 700 hPa 形势

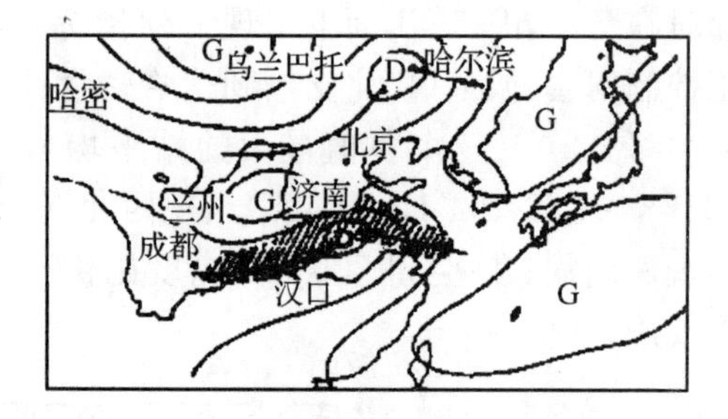

图 5－24　焊接类气旋发生时地面形势
（阴影区为降水区）

实习五　北方气旋个例分析

一、目的和要求

1. 天气图分析方面

严格遵守各项技术规定，在保证分析质量的基础上提高分析速度。要求对主要天气系统(如高低压中心、锋面、槽线等)的分析基本正确。

2. 天气形势分析方面

初步学会概述环流形势的主要特征和辨认高空与地面的主要影响系统，建立三维空间结构的概念；并且应用所学过的理论知识对各主要影响系统的生消演变、相互之间的关系以及在天气过程中的作用进行分析。

二、实习的内容和资料

(1) 天气图共有 8 张，其中参考图 2 张，分析图 6 张，参考图如图 5－25 和 5－26 所示。需要分析的图是 1971 年 4 月 5 日～7 日 08 时地面图和 700 hPa 高空图。

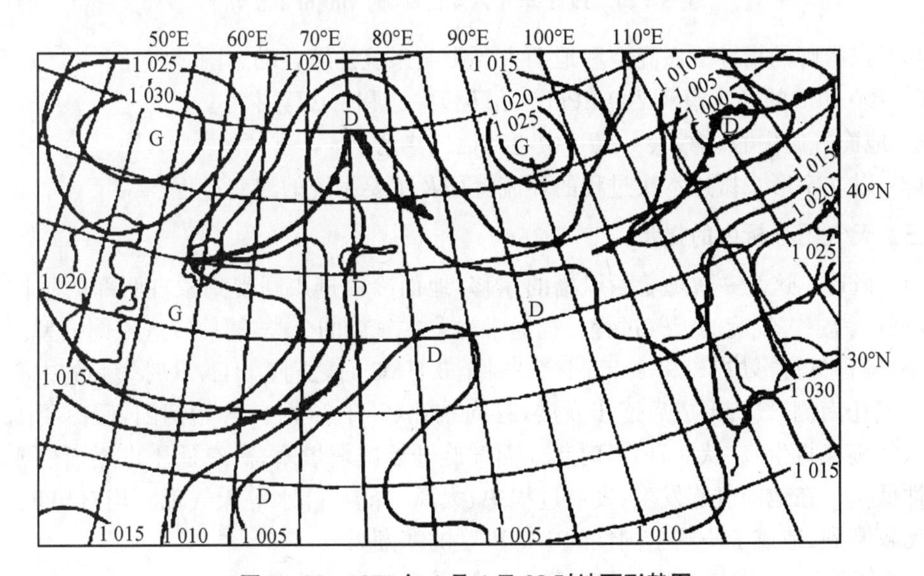

图 5－25　1971 年 4 月 4 日 08 时地面形势图

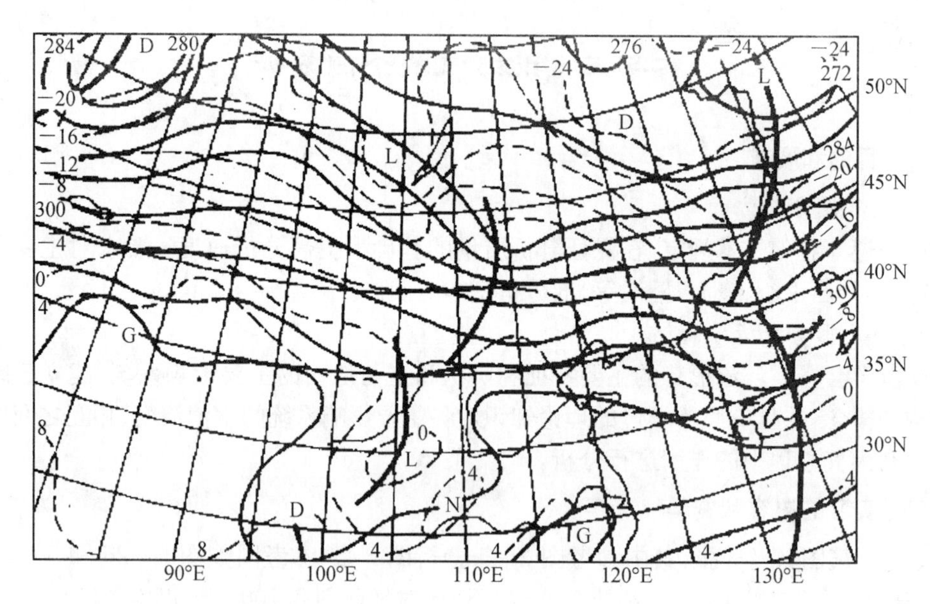

图 5 - 26　1971 年 4 月 4 日 08 时 700 hPa 形势

(2) 在教师的指导下做高空和地面主要影响系统的综合动态图 2 张：

① 700 hPa 的影响槽及 700 hPa($-\Delta H_{24}$)中心和$+\Delta T_{24}$中心。

② 地面气旋中心、锋系、$+\Delta T_{24}$中心和 ΔP_3 中心。

(3) 以文字形式概述本次过程的环流特征及主要系统的演变过程。

三、天气图分析中的提示

(1) 概述。这是一次随着西风槽的东移，地面冷锋进入新疆到蒙古西部的暖性低压后，发展成为蒙古气旋的天气过程。据通常对蒙古气旋的分类，属冷锋进入倒槽型。这次过程中，蒙古气旋形成于 1971 年 5 日 20 时至 6 日 08 时之间。6 日 08 时气旋的中心位置在乌兰巴托南侧，气旋形成后逐步发展，移向东北(7 日 20 时曾开始锢囚，后由于副冷锋的侵入气旋又再生)。从 9 日 08 时起地面气旋开始减弱填塞，高空低压也逐渐变成对称和冷性低涡。在地面气旋发生、发展过程中，大风、降温、降水等天气现象均有出现，并且降温比较剧烈，造成了一些全国性的中等程度的寒潮天气。

(2) 气旋发生、发展过程。此次蒙古气旋天气过程开始时(1971 年 4 月 4 日 08 时)，亚洲上空 700 hPa 为高指数环流形势，蒙古东部到老东庙有一移动性西风浅槽，其后新疆、蒙古一带是一个宽阔的暖性浅脊区，西西伯利亚有一个低压，中心在鄂木斯克附近，从中心伸向咸海为一个冷槽，槽后乌拉尔山西侧有一个较强的暖高脊。这些系统均以10°/d～15°/d 的速度东移。5 日鄂木斯克到咸海的低槽已移到蒙新高原西侧。与新疆、蒙古一带的浅脊配合的暖空气明显增强，暖中心位于南疆盆地。与之对应，地面上在天山东侧有倒槽强烈发展。

1971 年 4 月 5 日 08～20 时主要由于以下三个原因：① 地形的爬坡加压作用；② 槽前等高线的辐合；③ 槽线上没有明显的冷平流输送，致使蒙新高原西侧的低槽有所减弱，但移速大大加快。对应的地面冷锋迅速侵入到原在天山东侧的暖性倒槽之中。

5 日 20 时至 6 日 08 时槽已开始越过高原，由于以下三个原因：① 下坡地形的减压作用；② 锋区加强，槽线上有明显的冷平流输送；③ 上游（乌拉尔山之西）有一低槽强烈发展（ΔH_{24}最强为－16 dagpm）等引起的上游效应，使得低槽强度重新加强，移速减小。由于低槽的加强，槽前的正涡度平流明显增强，引起地面倒槽进一步减压。在 6 日 08 时以前出现闭合的低压环流。

在西部的冷锋进入倒槽的过程中，由于高空暖平流的增强和近地面层上暖式切变的明显增强，使倒槽内暖式切变附近的温度梯度不断增大。暖式切变的北侧出现大片的$-\Delta P_3$区（$-\Delta P_3$最强为－3.0 hPa），逐渐形成一条暖锋，并与西边移来的冷锋在低压环流中心处相接，形成完整的蒙古气旋。

700 hPa 图上，从 6 日 08 时至 7 日 08 时，原在乌兰巴托以西到天山东侧的低槽强烈发展、东移并出现了闭合中心，但温度槽仍落后于高度槽，地面气旋仍在高空槽的前方。这种温压场形势，有利于地面气旋在东移的过程中加深发展，也有利于高空槽的东移发展。

7 日 08 时至 8 日 08 时，随着高空槽的进一步发展，700 hPa 上温度场的冷中心与高度场的低中心更加接近，地面气旋也达到最强阶段并开始锢囚。之后，由于高空槽后贝加尔湖西侧有新鲜冷空气的补充，形成了一个新的等温线密集带，对应地面图上，气旋后部出现了一条副冷锋。由于冷空气的侵入，高空槽再度略有发展，地面气旋再生。8 日 08 时以后，在高空温压场渐趋对称的同时，地面气旋逐渐减弱，并于 9 日 08 时填塞消亡。

四、思考题

(1) 通过本个例分析说明蒙古气旋发生、发展有何特点？

(2) 蒙古气旋发生、发展过程中，高、低空系统是如何配置的？

(3) 结合形势预报方程来说明蒙古气旋是如何得到发展的？

实验五分析要点讲解

本次地面天气图分析的难点是对地面锢囚锋的分析，在图 5－27 北方气旋天气过程分析 4 和图 5－28 北方气旋天气过程分析 6 上，根据气压场和风场的分布，确定出冷锋(蓝线)、暖锋(红线)，确定它们的交点为气旋中心，查看同日期同时次 850 hPa 天气图上，该气旋中心是否有暖舌向北伸展，是有的，因此判定有锢囚锋，然后向北用紫色铅笔，从气旋中心出发，分析出锢囚锋，从风场上看，锢囚锋具有冷锋的特征，锋前为东北(或东或东南)风，锋后为西北风。

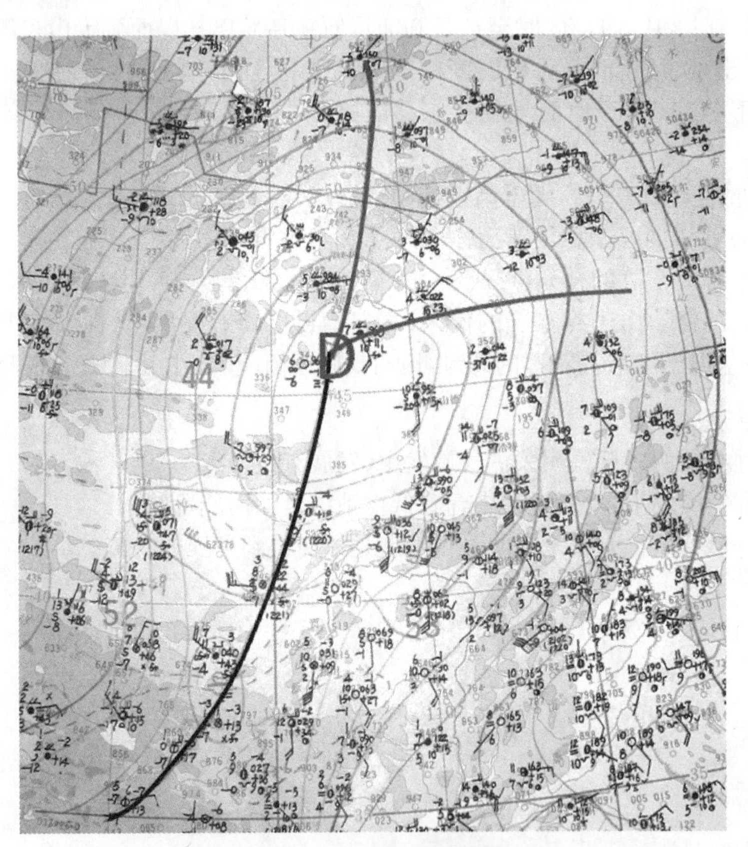

图 5－27　北方气旋天气过程分析 4

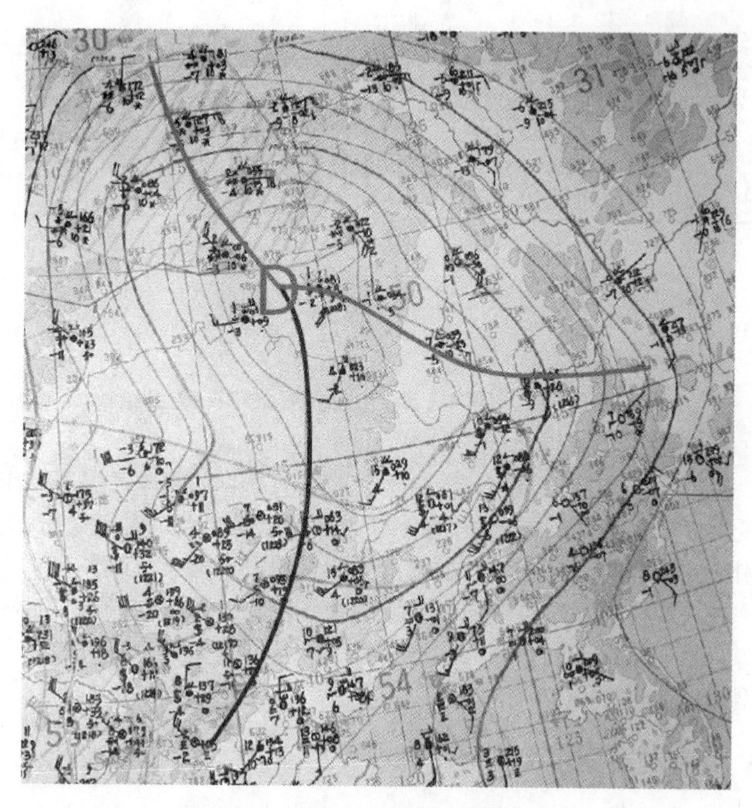

图 5－28　北方气旋天气过程分析 6

实验六

寒潮天气过程分析

§6.1 寒潮天气过程的环流型

按照中央气象台规定，对局地而言，由于受冷空气影响，24 h 气温下降 10 ℃或以上，而且次日最低温度下降到 5 ℃或以下，并伴有 5 级以上偏北大风时，称为一次寒潮天气过程。寒潮可引起霜冻、冻害、降雪、大风、雨凇等严重的灾害性天气现象。

寒潮是一种大规模的强冷空气向南暴发的天气现象。每次寒潮天气过程都发生在一定的环流形势背景下。常见的寒潮天气形势有三种基本类型，即小槽发展型、低槽东移型和横槽转竖型。

6.1.1 小槽发展型

小槽发展型也称为脊前不稳定小槽东移发展型，又称经向型。这类寒潮是由不稳定短波槽发展引起强冷气暴发而造成的。通常，高空不稳定小槽最初出现在格陵兰以东的洋面上，在其南下过程中的不断发展，最后成为亚洲东岸的一条大槽。从不稳定小槽出现到寒潮暴发影响山东，一般需要 5～7 d，亚欧环流由纬向型转为经向型。冷空气的源地在格陵兰以东洋面，经常取西北路径，经过关键区（指 45°N～60°N、75°E～105°E 地区，下同）南下。寒潮过程的最初阶段，在乌拉尔山地区形成阻高或高压脊，亚洲中纬度环流平直，西风带偏北，东亚大槽平浅（图 6－1）。不稳定小槽东移到西伯利亚西部时，发展成为一个比较深厚的冷性低槽，槽后冷高压在西伯利亚及蒙古发展到极盛，中心强度常可达 1 060 hPa 以上。寒潮暴发影响山东前 36～48 h，500 hPa 等压面上亚洲中高纬度为一脊一槽，不稳定小槽已发展为东亚大槽移到贝加尔湖至蒙古中部，温度槽落后于高度槽，槽后冷平流强烈，极锋在 45°N～50°N 之间，锋区很强，可达 20 ℃/10个纬距（1 个纬距≈111 km，下同）。地面强冷空气就在高空西北气流引导下，迅速向东南暴发（图 6－2）。

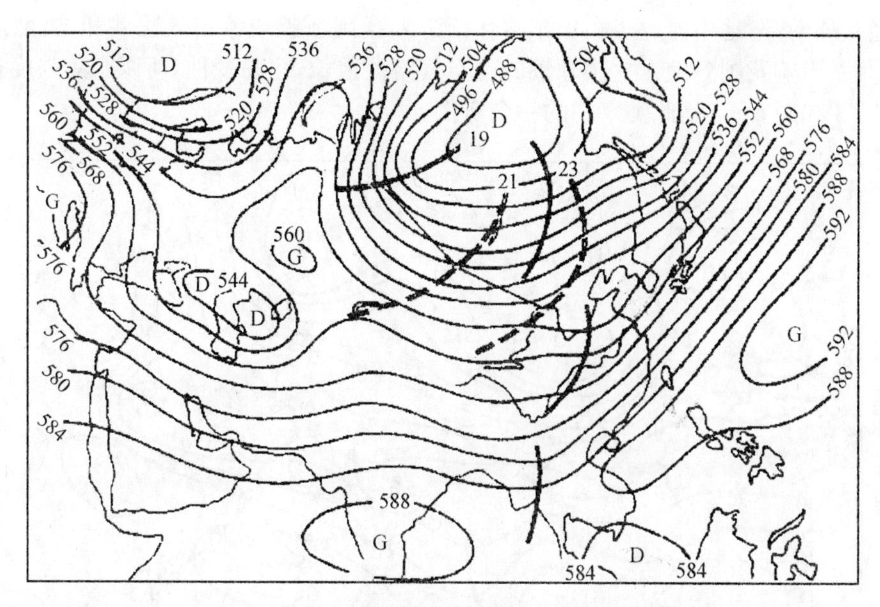

图 6-1　1965 年 12 月 19 日 08 时 500 hPa 形势

（图中双实线为主槽线，双断线为主槽未来位置）

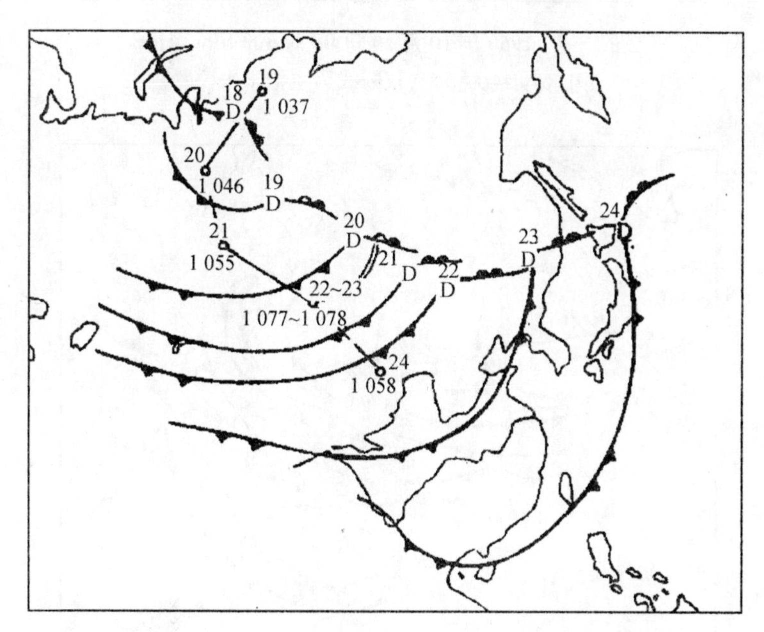

图 6-2　1965 年 12 月 18～24 日地面综合动态图

（图中圆圈为冷高压中心，其上数字为日期，其下数字为中心气压）

6.1.2　低槽东移型

低槽东移型寒潮的高空环流形势的特点是西风带环流比较平直，有来自西方的冷高压活动、常伴有蒙古气旋发展，导致冷空气南下。此类寒潮的冷空气常来自冰岛以南洋面，途经欧洲南部、地中海、里海、巴尔喀什湖进入我国新疆或蒙古人民共和国，然后取西路或西北路影响我国各地。这类寒潮的冷空气路径很长，容易变性，所以寒潮强度相对较弱，图 6-3 和图 6-4 是此类寒潮的一个实例。

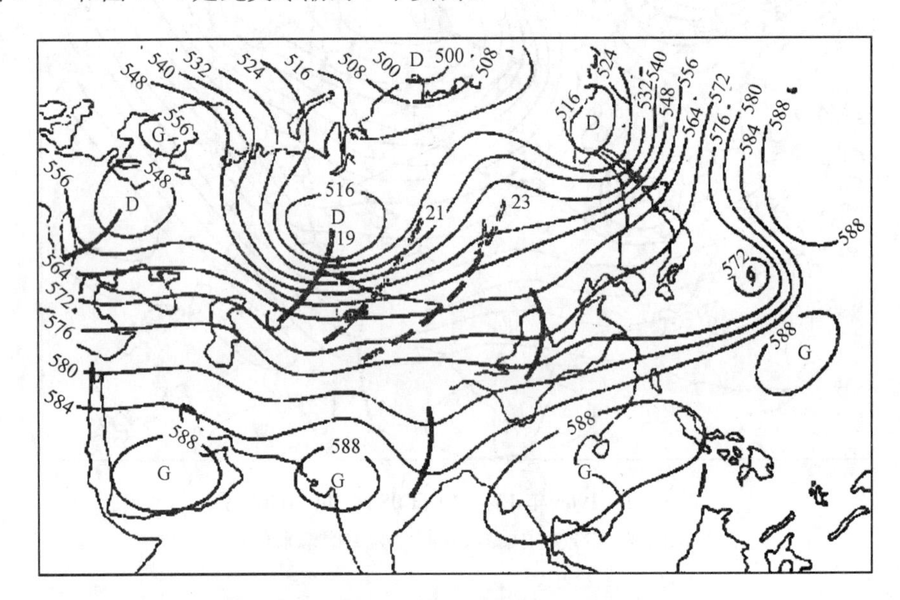

图 6-3　1960 年 10 月 19 日 08 时 500 hPa 形势

（图中双实线为主槽，双断线为主槽未来位置）

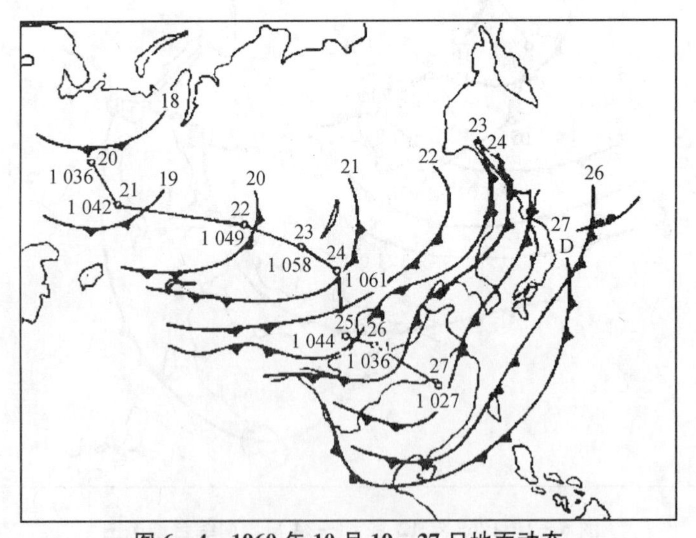

图 6-4　1960 年 10 月 19～27 日地面动态

（图中圆圈为冷高压中心，其上数字为日期，其下数字为中心气压）

6.1.3　横槽转竖型

横槽转竖型寒潮是因阻塞形势崩溃引起的强冷空气暴发。在初始阶段，500 hPa 环流形势如图 6-5(a)所示，乌拉尔山为一东北-西南向的长波脊，贝加尔湖到巴尔喀什湖

为一横槽，50°N以南地区环流较平直，多小波动东移。地面图上，整个欧亚大陆几乎全部为强大的冷高压所占据，从中亚经新疆到河西走廊，不断有小槽东移。一旦乌拉尔山高脊上游有不稳定小槽出现，阻高崩溃，东亚横槽转竖，原静止于蒙古的冷高压向南移动，便造成一次强冷空气南下，见图6-5(b)。

此类寒潮的冷空气源地在西伯利亚东部或北冰洋上。一般取西北路径南下，但当横槽偏西时，冷空气主力经河西走廊从西路东移；横槽偏东时，冷空气则从北路南侵。这三条路径的冷空气都能造成剧烈降温。

(a) 横槽稳定期

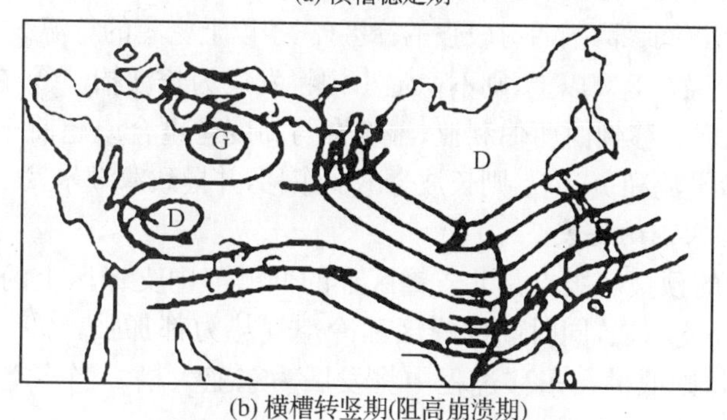

(b) 横槽转竖期(阻高崩溃期)

图6-5　横槽转竖型寒潮过程的500 hPa形势示意图

(图中双线箭矢为暖平流，实线箭矢为冷平流)

§6.2　寒潮强冷空气活动的分析和预报

一次寒潮的形成，一般都要经过两个阶段，即冷空气堆积阶段和冷空气暴发阶段。

6.2.1　寒潮强冷空气堆积的分析和预报

侵袭我国的寒潮，不论其冷空气来自何方，一般都在西西伯利亚至蒙古一带堆积加强。判断冷空气是否堆积，主要从地面冷高压的强度和高空冷中心强度两方面考虑。在冬季，如果地面有强冷高压，高压周围又有很大的气压梯度，同时500 hPa图上有-48 ℃的冷中心，则说明已有冷空气堆积。

预报强冷空气的堆积，可以从以下四方面考虑：① 与冷空气配合的小槽有否较大发展;② 有否有新鲜冷空气补充或合并加强;③ 极涡是否分裂南下;④ 冷舌中有否产生绝热上升冷却的环流条件。当小槽有较大发展、有新鲜冷空气补充、极涡分裂南下和有上升绝热冷却时,则可预报将可能堆积成为强冷空气。

6.2.2 寒潮强空气暴发的分析和预报

在冷空气源地堆积的强冷空气,不一定能向我国暴发成为寒潮。它可以小股冷空气扩散南下,也可以主体从蒙古以北东移。一般只有在下列情况下才暴发寒潮:① 符合寒潮环流形势;② 东亚大槽有可能重建(重建过程可以是上游长波槽向下游频散效应,也可以是移动性长波进入东亚发展,也可以是阻塞形势破坏引起东亚大槽重建);③ 南支槽与北支槽叠加;④ 地面气旋发展(全国性寒潮往往先有北方气旋发展,到达南方后有南方气旋发展)。

对上述三种类型的寒潮暴发的预报可以分别从以下几方面着眼:

1. 小槽发展型寒潮的暴发

这类寒潮暴发的预报着眼点是乌拉尔山或西西伯利亚长波脊的建立、加强和东移以及不稳定小槽的发展。① 当乌拉尔地区处在变形场内并出现反气旋打通时,则建立长波脊。乌拉尔山高压脊的发展,往往是由于从欧洲长波脊分裂出的高压东移与之合并;或是欧洲低槽强烈发展,槽前暖平流和温度脊侵入乌拉尔山高压脊后部。② 若不稳定小槽是疏散槽,且出现在发展的高压脊前部,槽后有较强的锋区(三条以上密集的等温线),并有明显的温度槽和冷平流,24 h 降温在 3 ℃以上,则不稳定小槽将发展为长波槽。③ 在寒潮暴发前 36~48 h,乌拉尔山长波脊已移到西西伯利亚,温度脊与高度脊重合或超前于高度脊,脊前出现暖平流,脊后出现冷平流和负变温,则长波脊减弱东移,并导致寒潮暴发。

2. 低槽东移型寒潮的暴发

这类寒潮暴发的预报着眼点是北支锋区上的低槽与中支锋区上的低槽合并,其上游有槽脊发展,经向环流增强,同时高空锋区和冷空气势力都加强,500 hPa 槽后出现低于 −40 ℃的冷中心时,则低槽在东移过程中将发展为东亚大槽。当冷空气到达蒙古后,地面冷高压加强南下,形成一次寒潮暴发。

3. 横槽型寒潮的暴发

这类寒潮暴发的关键是因阻高和其前部横槽的形成,以及阻高崩溃引起横槽转竖。① 乌拉尔山高压脊的发展,是由于欧洲低槽发展引起的,槽前暖平流自高压脊后部进入高压脊北部,促使高压脊向东北方向发展;有时北冰洋暖高压与乌拉尔山高压脊合并加强,于是建立起东北-西南向的阻高,而在阻高前部形成宽广的大横槽。在横槽维持阶段,对流层中、上层等压面上的地转涡度 ζ_g 和实测风涡度 ζ 分布呈东西向带状,正涡度中心位于槽线附近。② 当欧洲大西洋沿岸新生的阻高前部有冷槽侵入乌拉尔山阻塞高压后部,或上游有减弱的低槽东移、正涡度平流侵入阻塞高压后部时,都会使阻高崩溃东移;当暖平流或负涡度平流进入横槽内,冷平流侵入横槽前部而槽后出现暖平流时,横槽转竖。

6.2.3 西风带高压槽脊移动、发展的分析和预报

一、槽脊移动的分析和预报

高空槽脊移动和发展的分析和预报是进行寒潮冷空气堆积及暴发的分析和预报的基础。

高空槽脊的移动速度可以通过连续几张天气图上槽脊位置的变化来决定，并可用外推法或运动学公式来预报其未来的移动。

根据运动学原理，如将坐标原点取在槽脊线上，x 轴取在系统移动方向的移动坐标系中。在系统强度不变时，由于移动坐标与固定坐标有以下关系：

$$\frac{\delta}{\delta t}=\frac{\partial}{\partial t}+C\cdot\nabla=0 \tag{6-1}$$

由此可得槽脊线的移速 C 为

$$C=-\frac{\partial}{\partial x}\left(\frac{\partial H}{\partial t}\right)/\frac{\partial^2 H}{\partial x^2} \tag{6-2}$$

式中，$-\frac{\partial^2 H}{\partial t\partial x}$为沿槽（脊）线的变高梯度。

槽线上$\frac{\partial^2 H}{\partial x^2}>0$，所以槽向变高梯度方向移动，变高梯度越大，$C$ 越大，脊线则相反。槽（脊）线上瞬时变高反映槽脊强度的变化，但单纯由移动造成的 24 h 变高有滞后现象，即槽线上变高零线应落在槽后，脊线上变高零线应落在脊后。达到多大强度才能判断是槽脊发展的反映，应视槽的强度、移速不同而异，主要由经验决定。

由于涡度局地变化$\frac{\partial\zeta}{\partial t}$和高度局地变化之间存在以下关系：

$$\frac{\partial\zeta}{\partial t}=-m_0\,\frac{9.8}{f}\,\frac{\partial H}{\partial t} \tag{6-3}$$

式中，$m_0=k^2+l^2$（k、l 分别为 x、y 方向的波数）。

所以式(6-2)中的变高$\frac{\partial H}{\partial t}$可以用变涡$\frac{\partial\zeta}{\partial t}$代替，而$\frac{\partial\zeta}{\partial t}$可根据涡度方程判断。由简化涡度方程，可得

$$\frac{\partial\bar{\zeta}}{\partial t}=-\bar{V}\cdot\nabla(\bar{\zeta}+f)-0.6\,V_T\cdot\nabla\zeta_T \tag{6-4}$$

式中，$\bar{\zeta}$，$\bar{V}$分别为平均层的涡度和风速；V_T和ζ_T分别为热成风和热成风涡度。

根据式(6-4)可以求出涡度平流，类似式(6-4)也可求出热成风涡度平流。如实验五中 5.3 节的介绍，可以利用高空天气图定性判断涡度平流和热成风涡度平流。对称槽（脊）因总是槽（脊）前正（负）涡度平流、槽（脊）后负（正）涡度平流，所以总是向前移动，槽（脊）越深（强），移速越慢。等高线的散合也可以影响槽脊的移速。在如图 6-6(a)和(b)所示的形势下，散合项在槽（脊）前（后）引起的涡度平流符号与曲率项一致，因此这类槽（脊）移速较快。而在如图 6-6(c)和(d)所示的形势下，散合项引起的涡度平流项与曲率项因符号相反，因此其移速较慢。基本规则是槽（脊）前疏散、槽（脊）后汇合，则槽（脊）移动迅速；槽（脊）前汇合、槽（脊）后疏散，则槽（脊）移动缓慢。无论对称或不对称的槽脊都如此。

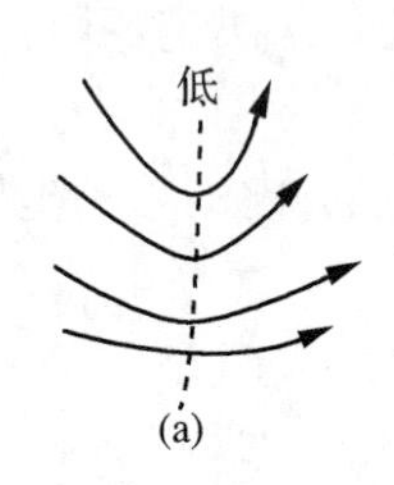

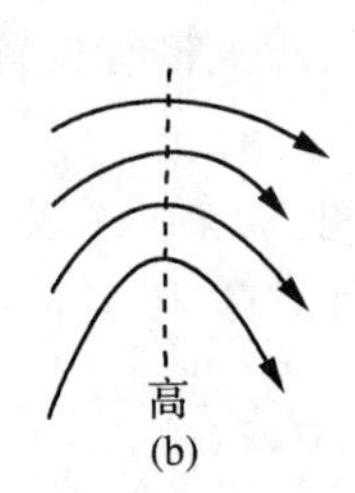

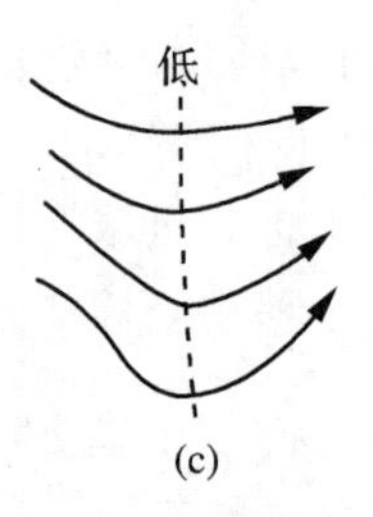

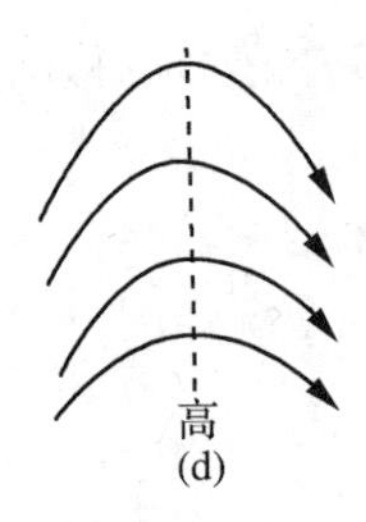

图 6－6　散合项对槽脊移速的影响

二、槽脊发展的分析和预报

槽（脊）线上的高度局地变化可以表示槽（脊）强度的变化，当槽（脊）线出现负（正）变高时，槽（脊）加强，反之减弱。对称性槽（脊）的槽（脊）线上由于涡度平流为零，所以对称性槽脊没有发展，不对称槽脊则能发展。基本规则是疏散槽（脊）是加深（加强）的，汇合槽（脊）是填塞（减弱）的（图 6－7）。

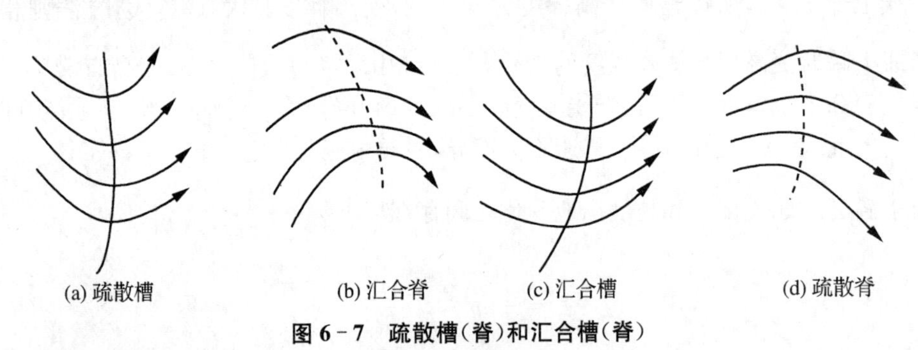

图 6－7　疏散槽（脊）和汇合槽（脊）

考虑大气斜压性后，又可得出规则：当高度槽（脊）落后于冷（暖）舌时，槽（脊）将减弱；反之，当冷（暖）舌落后于高度槽时，槽（脊）将加强。

热成风涡度平流项和相对涡度平流项的作用应综合考虑，而且由于大气中温压场配置很复杂，必须对具体问题做具体分析。

§6.3　西风带长波的分析

大气长波亦称行星波或罗斯贝波，其波长 3 000～10 000 km，相当于 50～120 个经度，全纬圈 3～7 个波，振幅一般为 10～20 个纬距，移速平均约在每天 10 个经度以下，有时则呈准静止，甚至后退。寒潮等大型天气过程一般都与大气长波的活动有着十分密切的联系。

6.3.1　长波的辨认

在每日天气图上，长波、短波同时存在，相互叠加，还可相互转化。一般情况下，长波和短波不易分辨，必须采用一些特殊方法才能辨认。辨认长波的方法有：制作时间平均图、制作空间平均图以及绘制平均高度廓线图等。其中平均高度廓线图是辨认长波连续演变的一个比较简单的工具。

纬向平均高度廓线能表示长波个数和长波槽脊的演变，它实际上是高度随经度变化

的曲线，高度数值沿纬圈读取。通常不是只取某个纬圈，而是取相邻几个纬圈的高度平均值，所以它代表某个纬带内平均长波的情况。然后，将连续几天的纬向平均高度顺序点绘在一张图上，并将长波槽脊系统连成一条线，表示它们随时间移动的情况。

6.3.2　长波的移动

长波的波速 C 可用长波波速公式

$$C = \bar{u} - \beta\left(\frac{L}{2\pi}\right)^2$$

求得。

式中，$\bar{u}$为纬向基本气流速度；$\beta=\frac{\partial f}{\partial y}=2\Omega\cos\varphi/R$，$\Omega$、$\varphi$ 和 R 分别为地球自转加速度、纬度和地球平均半径；L 为波长。

根据长波波速公式，令$\bar{u}_c=\beta\left(\frac{L}{2\pi}\right)^2$，$\bar{u}_c$为临界纬向风速。当$\bar{u}>\bar{u}_c$时，波前进；当$\bar{u}<\bar{u}_c$时，波后退；当$\bar{u}=\bar{u}_c$时，波静止。令 $L=2\pi\sqrt{\bar{u}/\beta}$，$L_s$称为临界波长，则当 $L=L_s$时波静止，$L>L_s$时波后退，$L<L_s$时波前进。

6.3.3　长波的调整

长波的调整是指长波波数变化及长波更替的过程。长波槽脊新生，阻塞形势建立、崩溃、横槽转向，切断低压形成、消失等都属于长波调整过程。长波调整时，天气过程将发生剧烈的变化。在我国，多数寒潮暴发都与北半球长波调整相联系，而且表现为一次东亚大槽的重建过程，所以预报长波调整对预报寒潮有重要意义。

预报长波调整，不仅要考虑系统本身的温压场结构、地形影响，而且要注意周围系统，包括邻近的和远处的系统的影响。在以下情况下，常常会引起长波调整：

(1) 由于高纬波系移速快于低纬，在适当情况下，可能发生高、低纬两支波系的南北向叠加，若两者同位相叠加合并，则波幅增大，低槽可能加深成长波槽。

(2) 由于上游槽(脊)线转向，会引起紧接的下游脊(槽)的强度变化。

(3) 上游效应(上游长波变化引起下游系统变化)和下游效应(下游长波变化引起上游系统的变化)都引起长波调整。

预报长波调整还有以下定性经验：

(1) 有强暖平流或上游有槽强烈发展的地区将有长波脊发展。平直气流上有不稳定短波发展，也将引起长波槽发展。

(2) 平直西风带上，上游槽强烈加深，则下游一个波长处的槽也会加深。

(3) 上游波长接近静止波波长，且为冷槽暖脊，未来长波调整将在下游开始。

(4) 实际波长大大超过静止波长时，长波将发展。若上游已有长波槽脊发展，则可预报下游地区将有长波调整。

(5) 太平洋和大西洋为长波调整关键区。北半球的长波调整往往先从关键区开始，然后向下游传播。所以，应重视北美大槽、北大西洋暖脊以及东亚大槽的变化。

实习六　寒潮天气过程个例分析

一、目的和要求

(1) 完整地分析一套全国寒潮天气过程个例图。

(2) 较正确地分析寒潮天气过程中的主要影响系统。

(3) 制作 500 hPa 影响槽、地面寒潮冷锋及冷高压中心活动综合动态图 2 张。

(4) 概述这次寒潮天气过程概况、过程特点和寒潮南下的预报着眼点。

二、实习内容

1. 资料

分析 1970 年 11 月 11～14 日高空、地面天气图共 6 张，参考图 2 张。

分析图：1970 年 11 月 12 日 08 时的地面天气图，500 和 850 hPa 的高空图；1970 年 11 月 13 日 08 时的地面天气图，500 和 850 hPa 的高空图。参考图(图 6－8 和 6－9)为 1970 年 11 月 11 日 08 时地面图和 500 hPa 高空图。

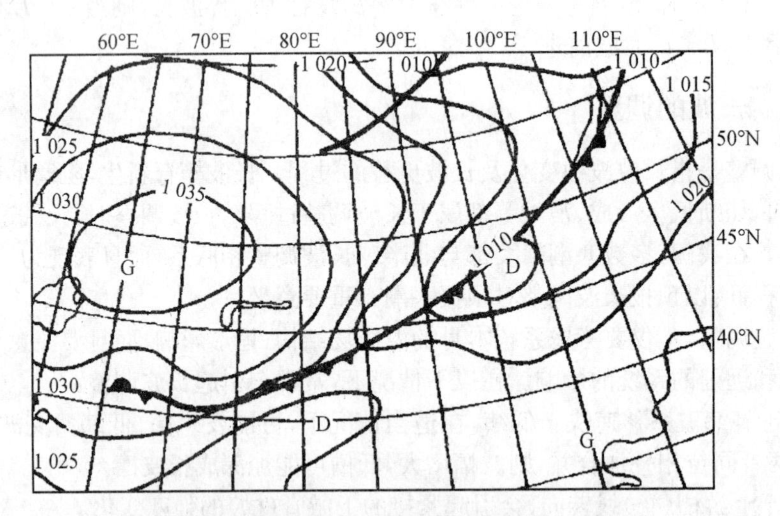

图 6－8　1970 年 11 月 11 日 08 时地面形势图

2. 制作综合动态图

(1) 地面锋面、冷高压中心(强度、日期)综合动态图 1 张。

(2) 500 hPa 影响槽及对应地面锋面活动综合动态图 1 张。

三、天气分析中的提示

1. 1970 年 11 月 10～14 日寒潮天气过程概况

从欧洲西部及北部移来的冷空气从 11 月 11 日开始自西向东、自北向南先后影响我国。冷高压前沿的冷锋 11 月 10～11 日以东移为主，11 日冷锋已影响新疆北部。11～12 日随着地面冷高压增强，寒潮冷锋转为东移南下，12 日，冷锋已移到东北地区西北部经中蒙交界处到河套西北部。13 日南压到山东半岛-河套地区，14 日冷锋压过长江流域以南地区，15 日冷锋进入南海，全国性寒潮结束，如图 6－10 所示。

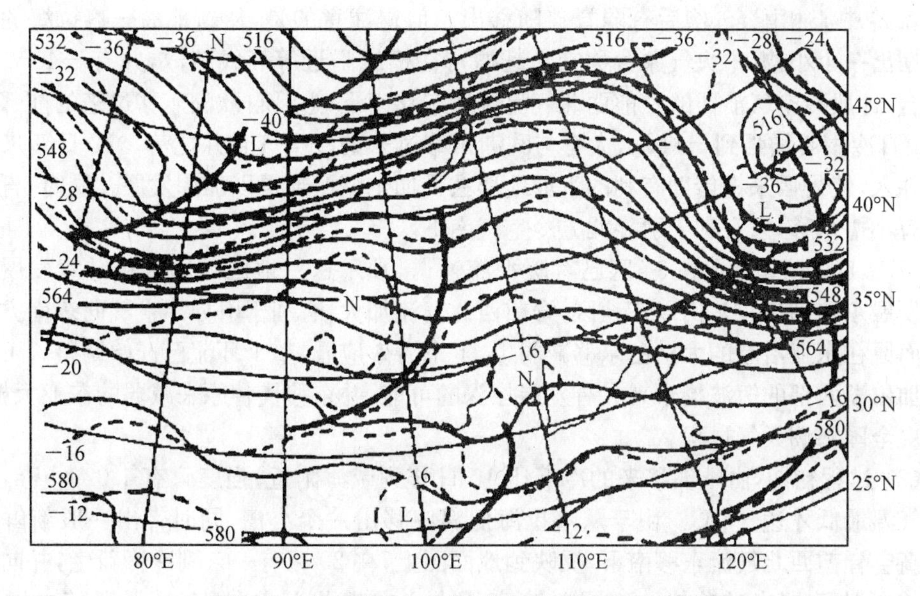

图 6－9　1970 年 11 月 11 日 08 时 500 hPa 形势图

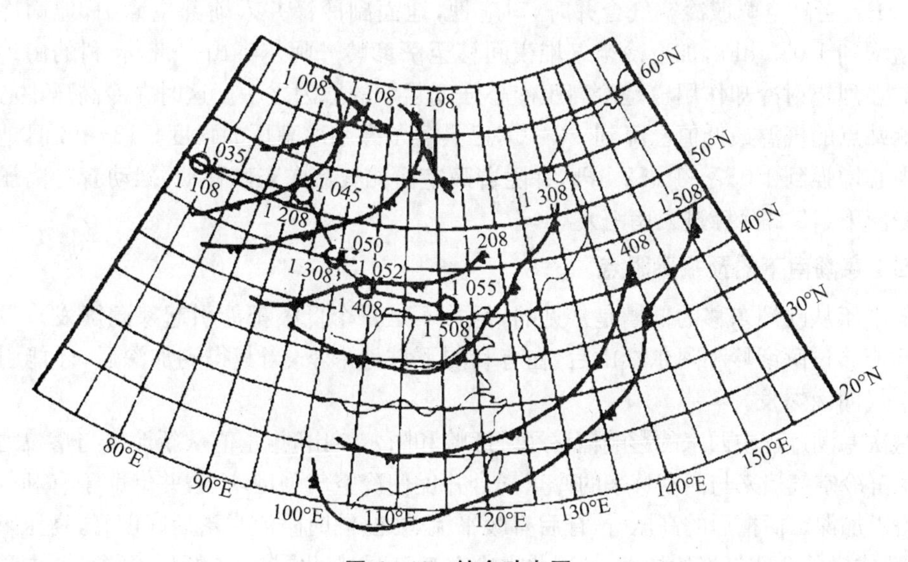

图 6－10　综合动态图

受冷空气影响，我国大部分地区出现大幅度的降温，不少地区 24 h 降温达 10 ℃以上，同时陆地和沿海地区及海上出现了 6～7 级偏北大风，海上平均风力达 7～8 级。

随着冷空气的入侵，12～14 日东北大部分地区降雪，个别站达到大暴雪，13～15 日长江以北广大地区下雨。

从降温、大风出现的幅度及范围来看，均够全国性寒潮标准。

2. 1970 年 11 月 10～14 日寒潮过程的特点

(1) 500 hPa 图上，整个过程环流为槽脊移动型，是东亚大槽重新建立的过程。过程前期，影响槽是从欧洲西南部移来的小槽，11 月 10 日这个槽已移到乌拉尔山南部，并有

－40℃冷中心相配合，槽后有弱脊伴随移出。值得注意的是，从新地岛—喀拉海的冷低涡中摆出一个小槽（中央气象台称它为赶槽），在槽线附近等高线疏散，并有－40℃冷温槽配合，这股冷空气沿西欧脊前西北气流快速东移南下，追赶自欧洲东移过来的前部冷空气，11 日冷中心增强到－44℃，大有与欧洲东移过来的冷空气合并之势。12 日新来的冷空气并入，使得西来槽借助有利的下坡地形在贝加尔湖西部得以加深发展。同时，青藏高原也有小槽东移，它有利于引导北方冷空气南下。

11 日 500 hPa 图上在 34 区已有暖平流输送，预示这一地区高压脊将继续发展。12 日脊发展东移到乌拉尔山以东地区，脊前西北气流加大，有利于引导冷空气向东南方向移动。而原在东亚沿岸的大槽已东移减弱，从上下游效应看，整个环流已开始调整。可以预计贝加尔湖西部的短波槽未来大有发展加深的可能，并东移代替原来减弱的东亚大槽，完成一次全国寒潮天气过程。

(2) 过程初期，由欧洲移来的冷高压 10 日移到咸海附近，强度只有 1 029 hPa，中心附近气温最低才达－5℃。由于从喀拉海低涡中移出一个小槽，同时带出一股新鲜冷空气沿高空脊前西北气流东移南下，反映到地面图上，在 29 区有一条副冷锋新生，并向东南移动追赶从欧洲来的冷锋；在咸海，冷高压中心向东北东方向移动，强度随之增强到 1 039 hPa，当高空两股冷空气合并时，对应地，地面副冷锋并入前部主锋中，地面冷高压中心猛增到 1 052 hPa，加上冷空气堆夜间移至萨彦岭—阿尔泰山一带，有利的山地地形引起的强烈辐射冷却作用也是冷高压中心强度猛增的原因之一。这时在冷高压中心附近一些测站点的气温最低值已降到－24℃，已具备了寒潮冷高压的强度。13～14 日地面冷高压中心增强到 1 057～1 052 hPa，并随着高空西北气流向东南移动，推动着冷高压前沿的冷锋南下(15 日冷锋进入南海)。

四、寒潮南下的预报着眼点

冬半年从欧洲东移的低槽是常见的，但并不是每个低槽都能引起寒潮爆发。只有当西来低槽移过萨彦岭和阿尔泰山后，在有利的下坡地形下，当其得到加深后，才能引导北方冷空气向南爆发。

这次寒潮过程中西来的影响槽移经萨彦岭和阿尔泰山时，正值从新地岛与喀拉海摆出来的新鲜冷空气追来与西欧移来的冷空气合并促使冷空气强度增强，并借助于有利的下坡地形得以加深。而槽后的高压脊，脊后有暖平流输送，同时暖温脊落后高度脊，高压脊发展加强，造成脊前西北气流的加大，加速北方冷空气南下，与此同时，正好从青藏高原上移过来一小槽，小槽槽前等高线辐散有利于过山后的西风槽向南加深，共同引导北方冷空气南下。

700 和 850 hPa 低层流场的分布，也有利于北方冷空气的南下。11 日 03 时，700 和 850 hPa 上，从贝加尔湖到我国新疆北部，有一较强的锋区，高压脊前冷平流较强，趋势直指蒙古和我国西北地区。12 日 08 时，高空锋区东部已向东南移到我国东北地区西北部，锋区西端已到哈密，并且锋区后部的冷温度中心强度也增强，在 850 hPa 上由－20℃增强至－24℃，随着冷空气的南下，冷温度中心继续增强到－29℃。

一般西方路径的寒潮，强度是较弱的。这次西方路径的冷空气活动，本身冷空气位置偏南，又经长途跋涉，气团变性，但是由于有北方新鲜冷空气的补充，造成了这次强寒潮过程。

附综合动态图 1 张(图 6－10)。

五、思考题

(1) 试说明寒潮过程中地面锋面和冷高压中心的活动特点。

(2) 结合本案例说明，500 hPa 上的高度槽是如何对地面锋面活动起作用的？

(3) 在预报寒潮南下时的着眼点是什么？

实验七

梅雨天气过程分析

§7.1 中国大型降水过程及暴雨概述

7.1.1 中国的大型降水过程

这里所讲的大型降水过程主要是指范围广大的降水过程，包括连续性或阵性的大范围雨雪及夏季暴雨等。在我国东部大多数地区都有较明显的雨季和干季之分，所谓雨季即为连阴雨雨期。

我国各地雨季起讫时间不同，东部地区各地的雨期，基本由主要的大雨带南北位移所造成，而大雨带的位移又与西太平洋副高脊线、100 hPa 上青藏高压、副热带西风急流以及东亚季风的季节变化有关。据统计，候平均大雨带从 3 月下旬至 5 月上旬停滞在江南地区(25°N～29°N)，雨量较小，称为江南春雨期；5 月中旬到 6 月上旬(25 d 左右)停滞在华南，雨量迅速增大，形成华南雨季的第一阶段，称为华南前汛期；6 月中旬至 7 月上旬(约 20 d)，则停滞在长江中下游，称为江淮梅雨；从 7 月中旬至 8 月下旬(约 40 d)，停滞在华北和东北地区，造成华北和东北雨季。这时华南又出现了另一个大雨带，是由热带天气系统所造成的，形成华南雨季第二阶段，称为华南后汛期；从 8 月下旬起大雨带迅速南撤，9 月中旬至 10 月上旬停滞在淮河流域，雨量较小，称为淮河秋雨期。此后，全国降水全面减弱。

7.1.2 中国的暴雨

在我国，暴雨通常是指 24 h 降水量 $R_{24} \geqslant 50$ mm 的降水事件。暴雨还常常进一步划分为暴雨、大暴雨和特大暴雨，在这种情况下“暴雨”专指降水强度为 50 mm$\leqslant R_{24} <$ 100 mm 的降水事件。对于一次降水过程而言，往往连续数日，若累积降水量≥400 mm 称为大暴雨过程，若累积降水量≥800 mm 则称为特大暴雨过程。

中国地域广阔、气候多样，各地的降水有明显的地理、气候特征，且各地抗御洪涝的自然条件各异，因此，有时各地都有本地的暴雨定义或标准。例如，在华南地区，降水强度一般较大，泄洪条件一般较好，因此，$R_{24} \geqslant 80$ mm 才称为暴雨。而有些地区降水量气候平均较小，因此，R_{24}不到 50 mm 时称为暴雨。如东北地区有时把 $R_{24} \geqslant 30$ mm 称为暴雨，西北地区把 $R_{24} \geqslant 25$ mm 就称为暴雨。一般来说，各地以当地年总降水量气候平均值的 1/15作为暴雨的标准，凡 $R_{24} \geqslant$年总降水量的 1/15，便称为暴雨。

形成暴雨要求有充分的水汽、强烈的上升运动，而且降水要持续较长的时间。在特定的天气形势下，当天气尺度系统移动缓慢或停滞，很容易形成特大暴雨。我国的特大暴雨和连续暴雨除由单纯的热带天气系统引起以外，多发生在夏季副高北部的副热带锋区上，并与两类稳定的长波流型，即稳定纬向型和稳定经向型，密切相关。前者的特征是东亚上空南支锋区比较平直，副高脊呈东西向，在平直西风带中，不断有小槽东移，低空有东西向切变线，地面为静止锋。后者的特征是副高呈块状，位置偏北而稳定，其西侧长波槽稳定，槽前维持明显的经向偏南气流，低空有南北向或东北-西南向切变线。在稳定的大形势背景下，短波槽、低涡、气旋等天气尺度系统的活动，造成一次次的短期暴雨过程，而在一定的天气尺度系统的背景下，许多中、小尺度系统发生、发展造成一次次的短时暴雨过程。行星尺度、天气尺度和中小尺度系统的共同作用便造成了持续性的暴雨过程。

§7.2　江淮梅雨

7.2.1　江淮梅雨及其环流特征

每年夏初，在湖北宜昌以东28°N～34°N之间的江淮流域常会出现连阴雨天气，称为江淮梅雨。梅雨降水一般为连续性的，但常间有阵雨或雷雨，雨量有时可达暴雨或大暴雨，特殊年份有些地区甚至可能达到特大暴雨。

典型梅雨一般出现在6月中旬至7月上旬，有的年份梅雨远早于典型梅雨，平均开始日期为5月15日，称为早梅雨或迎梅雨，有的年份无梅雨，称为空梅(或枯梅)。

典型江淮梅雨的形成有其明显的环流特征：

在高层(100或200 hPa)，主要的环流特征是江淮上空有一暖性反气旋。这是从青藏高原东移过来的南亚高压。高压的北侧和南侧分别有西风急流和东风急流。

在中层(500 hPa)，主要的环流特征是西太平洋副高脊线稳定在22°N左右，印度东部或孟加拉湾一带有稳定的低槽，长江流域盛行西南风，并与来自北方的偏西气流构成气流汇合区。在高纬，欧亚大陆呈现阻塞形势。有三类情况：第一类是有三个阻塞高压(三阻型)，自东向西分别位于亚洲东部雅库茨克一带，西伯利亚的贝加尔湖一带以及欧洲东部一带，在这些阻高南部中纬地带(35°N～45°N)是平直西风带，且有锋区配合，并不断有短波槽生成东移；第二类是有两个阻高(双阻型)，西阻位于乌拉尔山附近，东阻则在雅库茨克附近，两个阻高之间为一宽广的高空槽，35°N～45°N为平直西风带；第三类是只有一个阻高(单阻型)，这个阻高一般位于贝加尔湖北方，而东北低槽的尾部可伸至江淮地区上空。“双阻型”在梅雨期和后期容易出现，一般称其为“标准型”。

在低层，850(或700)hPa有江淮切变线，其南侧有西南风低空急流。切变线上常有西南低涡东移。在地面则有静止锋，并有静止锋波动，产生江淮气旋。

7.2.2　1991年的江淮梅雨

1991年江淮梅雨从5月19日起就早早开始，而一直到7月13日才迟迟结束。长时间的梅雨，使江淮地区降雨量比常年同期多达1～3倍，因此造成这一地区特大洪涝灾害。

根据研究，1991年西太平洋副高脊线在5月25日向北移，稳定到20°N以北。副高脊线稳定到20°N以北的时间提早20 d左右，这是这一年梅雨早的原因之一。原因之二是1991年青藏高原季节性增暖也比常年早。增暖早的原因可能与1990～1991年冬、春两季青藏高原积雪偏少有关。同时在1991年7月1日前西太平洋地区的ITCZ长期不活跃，使副高活动不容易偏北，而长期维持在一定位置上，这可能是梅雨维持时间很长的原因之一。但由于受北方冷空气的侵入，副高也有过几次南压，造成梅雨几次中断。分析研究还表明，1991年4～5月在孟加拉湾地区曾出现过两次强热带风暴，可能有利于这一地区水汽积聚。水汽通量的分析表明，在每次梅雨活跃时段中孟加拉湾和南海都有水汽输入大陆，其中以孟加拉湾水汽输送为主。在梅雨期间，每当青藏高原北部有低压系统云系东移并与梅雨锋云系相连接时，便有一个中－α 尺度系统发展并引起暴雨。中尺度天气分析表明，每次暴雨过程中都有很多中尺度雨团活动，它们的移动路径集中，因此往往造成局地暴雨和洪涝。这种短期暴雨过程在整个梅雨期发生多次，1991年7月6日的江淮暴雨过程便是其中的一次。这次暴雨过程与一个中尺度气旋的发生、发展紧密相联。

§7.3　降水条件的诊断分析

形成较强降水要求具备两个基本条件，即有充沛的水汽和较强的上升运动。这里介绍它们的诊断方法。

7.3.1　水汽条件的分析

在日常降水天气分析中，对水汽条件的分析最主要关心低层大气的湿度。大气湿度的大小可用比湿、露点温度来表示，温度露点差、相对湿度则表示空气的饱和程度。同时还需注意湿层厚度。在南方，要形成暴雨，一般都要求850 hPa比湿达14 g/kg以上或700 hPa比湿达8 g/kg以上。很多强降水过程发生时850 hPa上常有湿舌由南向北伸展。

产生降水的水汽主要是从外部流入的。水汽平流是表示水汽水平输送的物理量。在850或700 hPa图上绘制等露点线或等比湿线，再根据等高线与等比湿线相交的情况来判定水汽平流的大小。风速大、等比湿线密集且与风向接近正交，则表示有较强的水汽平流。

水汽凝结量主要来自水汽通量散度的贡献。因此，在进行降水条件分析时，常需计算水汽通量散度值的大小。水平方向的水汽通量散度 A 的表达式为

$$A = \nabla \cdot \left(\frac{1}{g}\boldsymbol{v}q\right) = \frac{\partial}{\partial x}\left(\frac{1}{g}uq\right) + \frac{\partial}{\partial y}\left(\frac{1}{g}vq\right) \tag{7-1}$$

并可用式(7-2)来表示实际计算

$$A_O = \frac{m}{2d}\left[\left(\frac{1}{g}uq\right)_D - \left(\frac{1}{g}uq\right)_B + \left(\frac{1}{g}vq\right)_A - \left(\frac{1}{g}vq\right)_C\right] \tag{7-2}$$

式中，A_O表示O点的水汽通量散度，$A_O>0$ 为水汽通量辐散，$A_O<0$ 为水汽通量辐合，单位为 g/(s·cm^2·hPa)；u、v 分别为风的水平分量；q 为比湿；下标 A、B、C、D、O 分别为正

方形网格的格点；d 为网格距(图 7－1)；m 为地图投影放大系数。

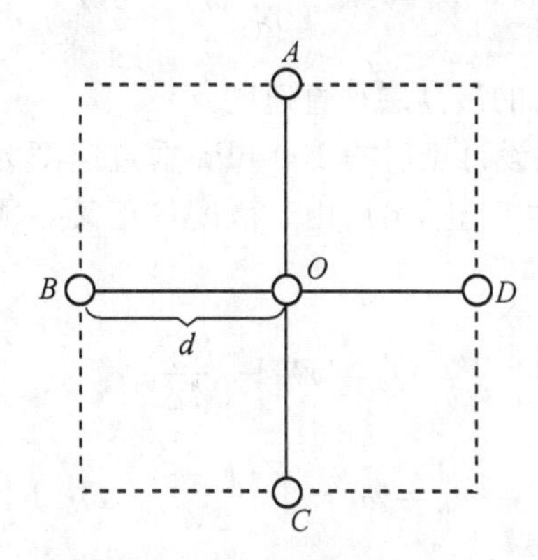

图 7－1　正方形网格示意图

7.3.2　垂直运动的分析

垂直运动不仅直接与云雨等大气现象相联系，而且其分布和变化对天气系统的发展也有重要影响。垂直运动速度一般只通过计算求得。计算方法很多，常用的有积分连续方程法、ω 方程法、绝热法、从降水量反算垂直速度等等。其中，积分连续方程法(即运动学法)应用最多。该法原理是，根据连续方程可推得，任意等压面 P 上的垂直速度 ω_P 为起始等压面 P_0 上的垂直速度 ω_{P_0}，与两层之间的平均散度 $\overline{D}$ 与气压差(P_0-P)的乘积之和，即

$$\omega_P=\omega_{P_0}+\overline{D}(P_0-P) \tag{7-3}$$

式中，$\overline{D}=\frac{1}{2}(D_{P_0}+D_P)$。

而

$$D_P=\frac{m}{2d}(u_D-u_B+v_A-v_C) \tag{7-4}$$

利用式(7－3)便可在求得各层散度，自下而上一层一层地算出各层的垂直速度。但是这样算出的垂直速度必须进行订正，因为计算误差随高度升高而积累，到大气上界就不能满足 $\omega_{上界}=0$ 的边界条件。订正的方法是人为地假设其满足边界条件 $\omega_{地面}=0$ 及 $\omega_{上界}=0$，然后将由此引起的与计算值的差值线性地分配至各层，从而得到各层的误差订正值。具体方法和步骤是：

首先按式(7－5)算出各层 ω_K

$$\begin{aligned}\omega_K&=\omega_{K-1}+\overline{D}_K\cdot\Delta P\\ \omega_N&=\omega_0+\sum_{k=1}^{N}\overline{D}_K\cdot\Delta P\end{aligned} \tag{7-5}$$

式中，$K=1,2,\cdots,N$ 为层次序号，N 为最高层序号。

然后，按式(7－6)，求出各层经订正后的垂直速度ω'_K。

$$\omega'_K = \omega_K - \frac{K}{N}(\omega_N - \omega_T) \tag{7-6}$$

式中，$\omega_T = \omega'_N$，为经过修订后的最高层垂直速度。

若最高层为 100 hPa，并设订正后的 100 hPa 垂直速度为 0，则$\omega_T = 0$。但是，由于 ω 进行订正，散度 D 也必须随之订正，最后由于散度订正又必须修改 ω，所以最后的计算公式为

$$D'_K = D_K - \frac{K_\omega N}{M\Delta P} \tag{7-7}$$

$$\omega'_K = \omega_K - \frac{K(K+1)}{2M}\omega_N \tag{7-8}$$

式中，$M = \frac{1}{2}N(N+1)$，它是一个仅与总层数 N 有关的常数。

实习七 梅雨天气过程个例分析

一、目的和要求

1. 天气图的分析

要求较准确地分析梅雨期间 500、700、850 hPa 及地面图上的关键系统。500 hPa 图上注意高纬阻高、长波槽、低纬副高、孟加拉湾槽的分析;中纬则注意平直环流、中短波槽位置的确定,特别注意短期内对所在测站有影响的上游短波槽的分析;700、850 hPa 图上,要能准确地确定出江淮切变线、切变线上西南涡的位置;地面图上能准确定出梅雨锋及梅雨锋上的气旋波。

2. 天气过程方面

能够描述 500 hPa 大环流形势,进一步认识大尺度系统对梅雨所起的作用及其对天气尺度、中间尺度系统的制约作用;加深对高、中、低空短波系统(如 500 hPa 西风槽,700、850 hPa 西南涡,地面气旋波,切变线,梅雨锋,低空急流等系统)的相互配置及与强降水之间关系的理解。

3. 了解梅雨期短期降水预报的思路

二、实习内容

1. 分析 6 张天气图

分析 1991 年 7 月 3 日 08 时和 7 月 4 日 08 时 500、850 hPa 图、地面图各一张。

2. 提供 3 张参考图

参考图如图 7－2～图 7－4 所示。

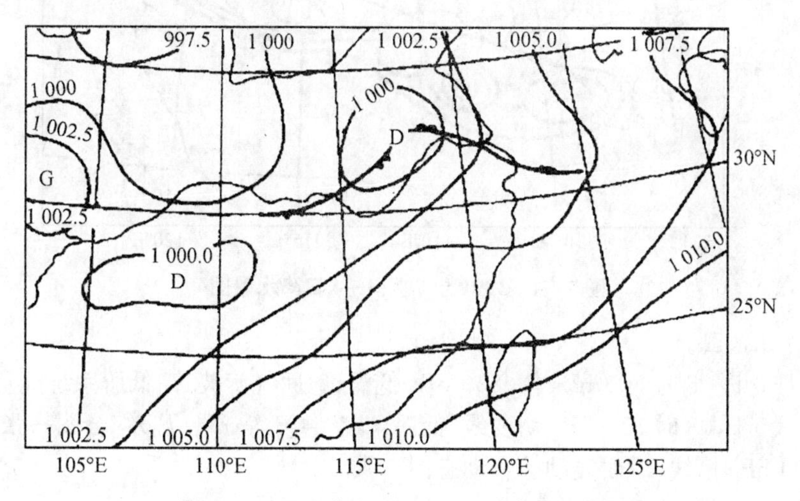

图 7－2 1991 年 7 月 3 日 14 时地面天气图

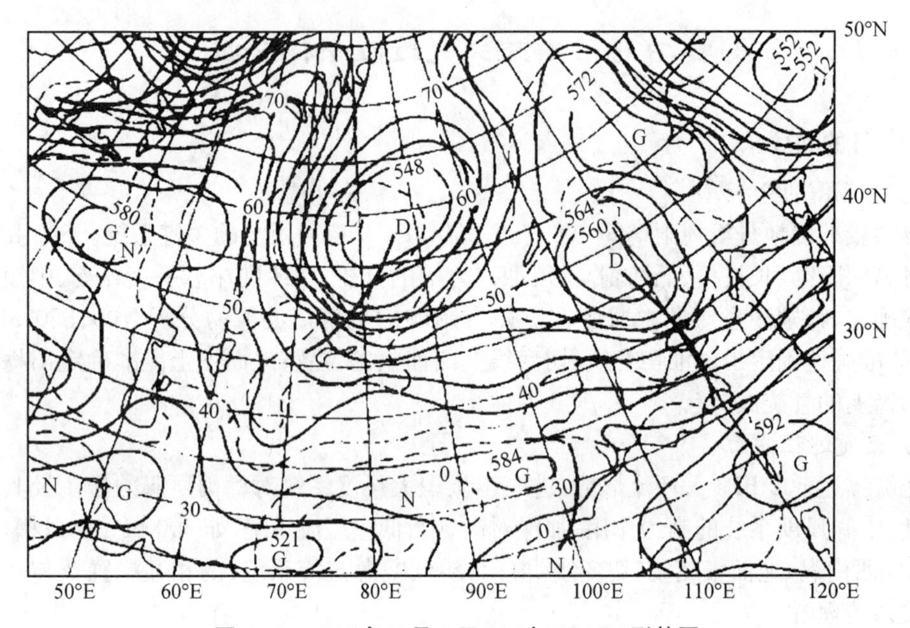

图 7-3 1991 年 7 月 2 日 08 时 500 hPa 形势图

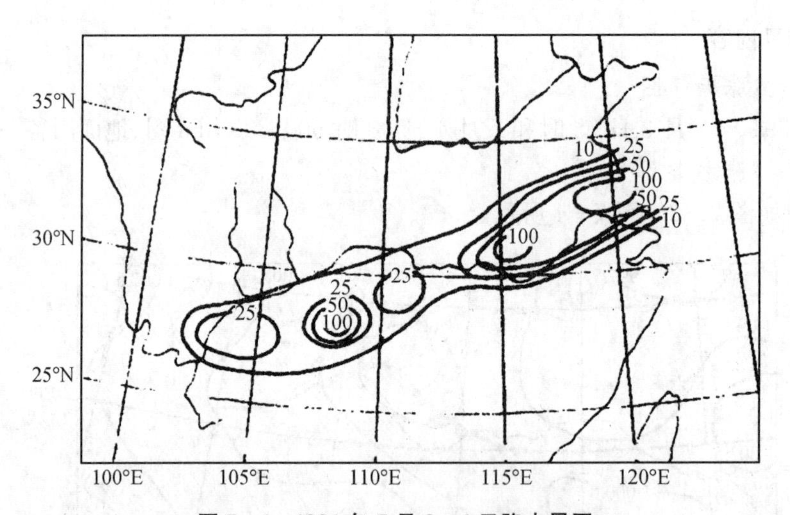

图 7-4 1991 年 7 月 3～4 日降水量图

3. 制作 3 张图

(1) 7 月 3 日 08 时 500 hPa 槽、850 hPa 低涡、地面气旋波、高低压系统配置图一张。

(2) 7 月 3 日 08 时 850 hPa 切变线、低涡、低空急流等($T-T_d$)综合图一张。

(3) 500 hPa 槽线、地面波动综合动态图一张。

4. 预报

试用 7 月 3 日 08 时天气图作 7 月 3 日 08 时到 7 月 4 日 08 时南京地区降水预报。

三、分析提示

1. 降水概况

1991 年梅雨从 5 月 19 日开始到 7 月 13 日结束，历时达两月之久，造成了江淮地区特大洪涝灾害。这次梅雨过程可分为三个阶段，本案例分析的是第三阶段(6 月 28 日至 7 月 13 日)典型梅雨过程中的一次短期暴雨过程(7 月 3～4 日)。这次过程，南京日降水量达 71 mm，最大日降水量在高邮站，达 207 mm，成片暴雨区西至汉口，东至东台，南到安庆，北达盱眙(图 7-4)。

2. 环流形势特点(500 hPa 图)

(1) 高纬。典型的双阻型，7 月 2 日东阻高位于雅库茨克附近，西阻高位于莫斯科附近，两阻高间，从巴尔喀什湖到贝加尔湖为宽广的低槽区(图 7-3)。7 月 3 日 08 时大环流形势少变，但西阻高强度有所减弱，在原阻高中心西边，斯德哥尔摩附近出现强度为 585 的高压中心，阻高脊向西北伸。7 月 4 日 08 时，莫斯科阻高中心消失，其西边阻高加强西伸，东阻高位置少变，高纬仍为双阻型。

(2) 中纬。阻高南部，中纬地区(30°N～50°N)为平直西风环流区，对本次过程有影响的小槽，7 月 3 日 08 时位于太原、西安、重庆一线。

(3) 低纬。西太平洋副高呈东西带状分布，120°E 处脊线在 22°N 附近，孟加拉湾为低槽。

上述环流形势为暴雨的产生提供了一个背景场，使得冷暖空气交汇于江淮流域上空，而在天气图上所能观察到的直接影响系统，却是天气尺度和中间尺度系统。

3. 影响系统

对暴雨有直接关系的天气尺度系统有：

(1) 500 hPa 图上，7 月 3 日 08 时，太原、西安、成都一线的小槽(以下简称影响槽)。

(2) 700、850 hPa 图上，江淮流域上空维持一切变线，并有西南涡生成东移，7 月 3 日 08 时，850 hPa 图上，低涡中心位于汉口西北侧，此时仅有环流中心，无闭合等高线。在切变线南侧有一支宽广的西南偏南风低空急流，风速均在 12 m/s 以上，大部地区风速为 16～18 m/s。

(3) 地面图上，江淮流域为梅雨锋控制，梅雨锋上有气旋波生成东移，7 月 3 日 08 时波动中心位于汉口西北侧、中空西南涡的东南侧。

四、预报提示

在上述梅雨形势已经建立且短期内无大变化的情况下，要利用 7 月 3 日 08 时天气图作 24 h 南京地区降水预报，关键是看天气尺度和中间尺度系统及它们的相互配置。根据经验，梅雨期中的大暴雨常与梅雨锋上的气旋波对应，一次锋面波动的东移，将在波动所经路径上产生一次暴雨过程。从上面的分析已知，7 月 3 日 08 时地面图上在汉口西北侧有一地面波动形成，对应上空有西南涡，因此预报的关键是看此波动是否东移发展，何时影响南京。根据形势预报原理，预报地面波动的移动发展，需从高空形势出发，因此要注意分析以下几点：① 地面波动位于 500 hPa 影响槽什么位置？② 影响槽的温度场配置如何？未来 24 h 东移发展与否？③ 地面波动东移发展与否？④ 南京位于波动的什么部位？未来 24 h 降水情况如何？是否有暴雨？

五、思考题

(1) 描述7月3日08时500 hPa大环流形势(分高、中、低纬)，说明各系统在梅雨过程中所起的作用。

(2) 对7月3日08时至7月4日08时南京地区暴雨有影响的天气尺度系统是什么？它们之间如何配置最有利于强降水的发生？为什么？

实验七分析要点讲解

确定梅雨锋的技巧：

（1）梅雨锋在江淮地区降水量较大的站点附近。

（2）从风场上判断，梅雨锋具有静止锋的特征，即锋南侧多西南、南风，锋北侧多北风、东、东南风。

等雨量线的分析技巧，应从雨量中心最大值开始分析。

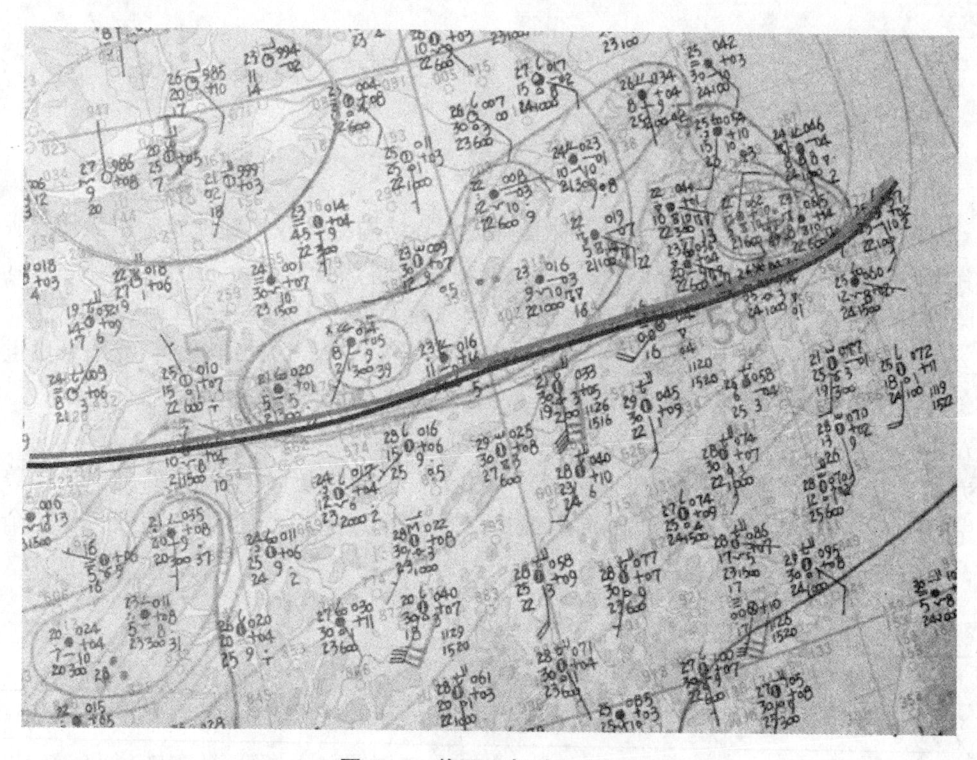

图 7－5　梅雨天气过程分析 3

实验八

热带气旋天气过程分析

§8.1 台风概述

8.1.1 台风的定义和名称

台风是发生在热带海洋上空的一种具有暖中心结构的强烈气旋性涡旋。热带气旋可按其中心附近最大风力进行分类,我国中央气象台曾将热带气旋分为三级:热带低压(最大风速 10.8～17.1 m/s,即风力 6～7 级),台风(最大风速 17.2～32.6 m/s,即风力 8～11 级)以及强台风(最大风速 32.7 m/s,即风力≥12 级)。从 1989 年开始,我国采用世界气象组织规定的统一标准,将热带气旋分为四级,即热带低压(风速＜17.2 m/s,风力＜8 级)、热带风暴(风速 17.2～24.4 m/s,风力 8～9 级)、强热带风暴(风速 24.5～32.6 m/s,风力 10～11 级)、台风或飓风(风速≥32.7 m/s,风力≥12 级)。中国气象局中央气象台规定,从 2006 年 6 月 15 日起实施,将台风进一步区分为台风、强台风和超强台风三个等级,具体标准如表 8-1。

表 8-1　台风标准

名称	属性
热带低压(TD)	底层中心附近最大平均风速 10.8～17.1 m/s,即风力 6～7 级
热带风暴(TS)	底层中心附近最大平均风速 17.2～24.4 m/s,即风力 8～9 级
强热带风暴(STS)	底层中心附近最大平均风速 24.5～32.6 m/s,即风力 10～11 级
台风(TY)	底层中心附近最大平均风速 32.7～41.4 m/s,即风力 12～13 级
强台风(STY)	底层中心附近最大平均风速 41.5～50.9 m/s,即风力 14～15 级
超强台风(Super TY)	底层中心附近最大平均风速≥51.0 m/s,即风力 16 级或以上

在国外,通常用一些特殊名称来命名台风,如 Alex、Betty、Cary、Yancy 等,从 2000 年起我国和太平洋地区国家也采用特殊名称来命名台风,例如,“悟空”“爱丽丝”等等。而在 2000 年以前,我国则用编号的方法来命名每一个台风。编号是按以下规定确定的:

(1) 在 180°E 以西、赤道以北的西太平洋和南海海面上出现的中心附近最大风力达到 8 级或以上的热带风暴,由国家气象中心按其出现的先后次序进行编号并负责确定其中心位置。

（2）编号用四个数码，前两个数码表示年份，后两个数码表示出现的先后次序。例如"9012"，表示 1990 年出现的第 12 个到达编号标准的热带风暴，简称为 1990 年第 12 号台风。

8.1.2　台风的定位

当已编号的台风出现在 150°E～180°E 之间的洋面时，每天进行两次定位（00 及 12 世界时）；当进入 150°E 以西洋面时，每天进行四次定位（00、06、12、18 世界时）；当进入国家气象中心的台风警报发布区（15°N 以北、130°E 以西的海域）后，每天再增加两次定位（09 及 21 世界时）。

台风定位的方法有飞机定位、雷达定位和卫星定位等多种方法。

飞机定位有穿眼飞行定位和非穿眼飞行定位两种，定位平均误差仅 18 km，说明精确度很高，但飞机定位依赖特殊设备和技术。

雷达定位主要依靠沿海岸设置的 10 km 台风雷达警戒线，雷达定位的精度也较高，平均误差在 40 km 以内，但由于一般雷达有效探测距离仅为 400 km，所以，只有在台风靠近沿海时雷达定位才能发挥作用。卫星定位是目前最常用的台风定位方法，因为卫星观测有广阔的视野和较高的精度。

卫星定位主要是根据台风云系的特征来进行的。当台风有"眼"时，可根据眼的特征来定位（图 8-1）。小而圆的眼即为台风中心，大而圆的眼可将眼区的几何中心视为台风中心。不规则的大眼，要仔细分析红外云图上的眼区，台风中心可定在黑区的几何中心上。

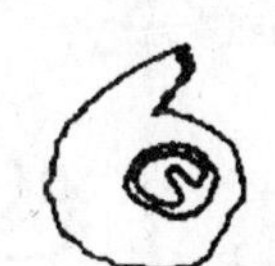

(a) 不规则的大眼

(b) 大而圆的眼，直径≥60 km

(c) 小而清晰的圆眼，直径≤60 km

图 8-1　台风眼的种类

当台风无明显眼区时，可根据台风云带所显示的环流来确定台风中心。若环流中心处在密蔽云区内部（图 8-2），当出现对称的近似圆形的密蔽云区时，取其几何中心为台风中心；当密蔽云区中出现弧状云隙或裂缝时，取云缝内密蔽云区的中央部位为台风中心；在密蔽云区中有干舌侵入时，取干舌的端点为台风中心。若环流中心在密蔽云区外部（图 8-3），可见光云图上浓密云区外部出现半环形和螺旋状积云时，其云线的曲率中心可

(a) 不规则形

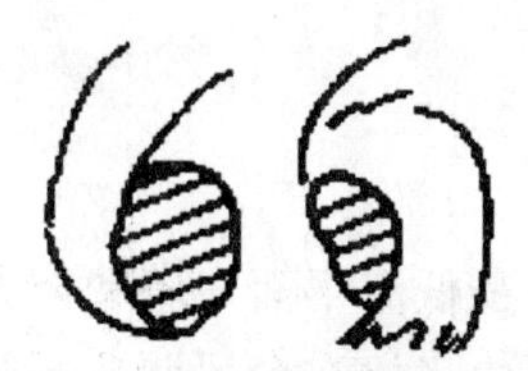

(b) 多边形或椭圆

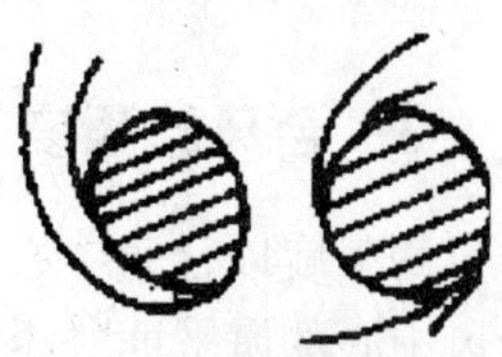

(c) 圆形

图 8-2　中心浓密云区的形状

(a) 环流中心在强对流云区之外　　(b) 环流中心在强对流区边沿

(c) 环流中心在强对流云区内部

图 8－3　发展中的热带风暴(或弱台风)环流中心位置

定为台风中心，或将红外云图上浓密云区外部或边缘附近出现的圆形无云区定为台风中心，或将螺旋云带曲率中心定为台风中心，当出现两条或两条以上的螺旋云带时，台风中心通常可定在这些云带中间的晴空区内(图 8－4)。

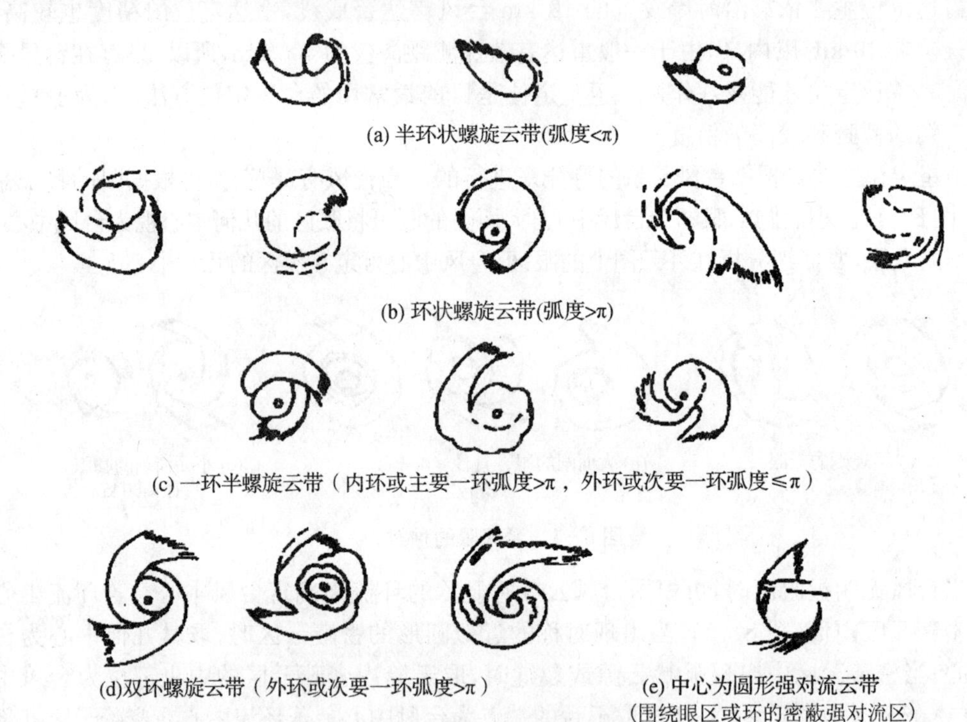

(a) 半环状螺旋云带(弧度<π)

(b) 环状螺旋云带(弧度>π)

(c) 一环半螺旋云带（内环或主要一环弧度>π，外环或次要一环弧度≤π）

(d)双环螺旋云带（外环或次要一环弧度>π）　　(e) 中心为圆形强对流云带（围绕眼区或环的密蔽强对流区）

图 8－4　各种螺旋云带

8.1.3　台风的强度

台风的强度以台风中心附近的最低海平面气压和最大风速来表征。

台风中心的海平面气压(p_0)可由飞机在台风眼中投掷下投式探空仪来测量，误差值仅为±5 hPa。还可以利用 700 hPa 的高度(H_{700})和温度(T_{700})值，根据下列经验公式之一来推算：

$$
\begin{aligned}
p_0 &= 645 + 0.115H_{700} \\
p_0 &= 642.730\,9 + 0.115\,6H_{700} \\
p_0 &= 600.847\,7 + 0.114H_{700} - 0.400\,4T_{700}
\end{aligned} \tag{8-1}
$$

此外，若能知道台风中心附近地面最大风速，则可由表 8-2 查得中心海平面气压。台风中心气压和台风最大平均风速 v_{max}(单位：km/h)有下列关系式：

$$v_{max} = 6.7 \times (1\,010 - p_{min})^{0.644} \tag{8-2}$$

台风中心附近的最大风速可以通过雷达回波、卫星云图来确定。用雷达测定台风回波最小螺旋角，就可以根据最小螺旋角来查算最大风速。用卫星云图确定最大风速主要是依据一些经验判据。例如，当符合下列判据时，可确定台风中心风速≥60 m/s：① 有一个清晰的小而圆的眼；② 中心附近强对流云区的面积大于 4×4 个纬距；③ 云系结构紧密。当符合下列判据：① 有圆形眼，但眼区范围较大；② 中心附近有强对流云区；③ 云系结构紧密时，则可确定台风中心风速为 40～60 m/s。

表 8-2　台风中心附近最大风速与最低海平面气压的关系

最大风速/(m·s⁻¹)	海平面气压/hPa	最大风速/(m·s⁻¹)	海平面气压/hPa
13	1 004	43	964
15	1 001	49	954
18	997	55	942
20	992	61	928
25	987	68	914
30	982	75	900
36	973	85	885

台风中心附近最大风速还可以通过式(8-2)来计算，或根据 700 hPa 高度、最低海平面气压及台风所在纬度(Φ_0)来计算。当最大持续风速≤45 m/s 时，有：

$$v_{max} = \left(12 - \frac{\Phi_0}{8}\right)(1\,007 - p_0)^{1/2} \tag{8-3}$$

当最大持续风速>45 m/s 时，有：

$$v_{max} = \left(19 - \frac{\Phi_0}{5}\right)\left(364 - \frac{H_{700}}{28}\right)^{1/2} - 20 \tag{8-4}$$

还有其他经验方法，在此不一一列举。

台风强度随时间而变化，多数情况是缓慢的变化，少数情况下有急剧的变化。Holliday 和 Thompson 把在 24 h 内台风中心气压下降 42 hPa 以上的情况称为台风的爆发性发展。台风的爆发性发展，往往会造成更为严重的灾害。

§8.2 台风的路径

8.2.1 典型路径和特殊路径

台风路径是台风天气分析和预报中最关心的问题之一，因为不同的路径会对各地产生不同的影响。

在西太平洋地区，台风移动大致有三条路径(图 8-5)：第一条是偏西路径，台风经过菲律宾或巴林塘海峡、巴士海峡进入南海，西行到海南岛或越南登陆。有时，进入南海西行一段时间后会突然转向到广东省登陆，对我国影响较大；第二条是西北路径，台风向西北偏西方向移动，在台湾省登陆，然后穿过台湾海峡在福建省登陆。或者向西北方向经琉球群岛在江浙一带登陆。这种路径也叫作登陆路径；第三条是转向路径，台风从菲律宾以东的洋面向西北移动，在 25°N 附近转向东北方，向日本方向移动。这条路径对我国影响较小，但若转向点靠近我国大陆时，也会造成一定影响。以上三条路径是典型的情况，不同季节盛行不同路径，一般盛夏季节以登陆和转向路径为主，春秋季则以西行和转向为主。

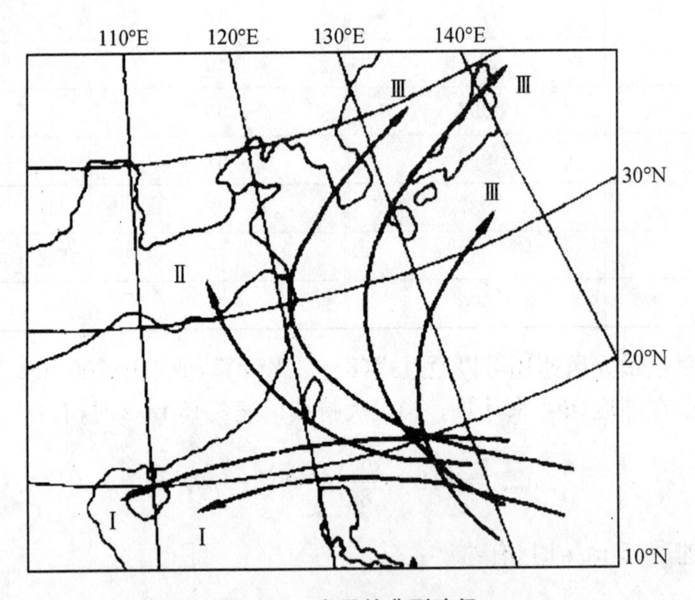

图 8-5 台风的典型路径

(Ⅰ为西行路径；Ⅱ为西北路径；Ⅲ为转向路径)

除了上述典型的台风路径外，有时还会出现很多奇异路径。对我国影响较大的台风异常路径主要有以下几种形式(图 8-6)：

(1) 黄海台风西折。台风移到黄海，在正常情况下都是呈抛物线状转向东北方向移去，但有些情况下，台风沿 125°E 附近北上到黄海时会突然西折，袭击辽鲁冀沿海地区。它主要出现在 7～8 月，为我国北方沿海夏季的主要灾害性天气之一。

(2) 南海台风北翘。当西太平洋西行台风进入南海后，正常路径是继续稳定西行，但

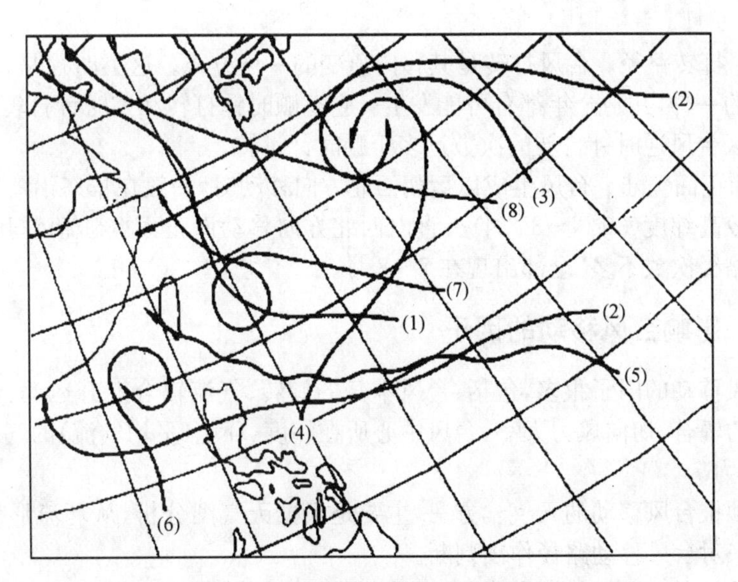

图 8-6　台风异常路径的几种形式

有一些台风到南海北部后方向急转，路径北翘，正面袭击广东。这类路径在春末、盛夏和秋冬都可能出现。这是华南台风预报中值得注意的一个问题。

(3) 倒抛物线路径。这类台风一般生成在较高纬度，或者生成纬度较低、但有一段偏北移动的路径，以后偏西行折向西南，呈倒抛物线形。这类路径出现在 6～8 月，对我国台湾和东南沿海有较大影响。

(4) 回旋路径。当两个台风同时存在而且距离足够接近时，常常见到它们互相做逆时针方向回旋(图 8-7)，并存在互相吸引的趋势。这类台风路径有显著的季节性，全部发生在夏季(7～9 月)，尤其是盛夏。

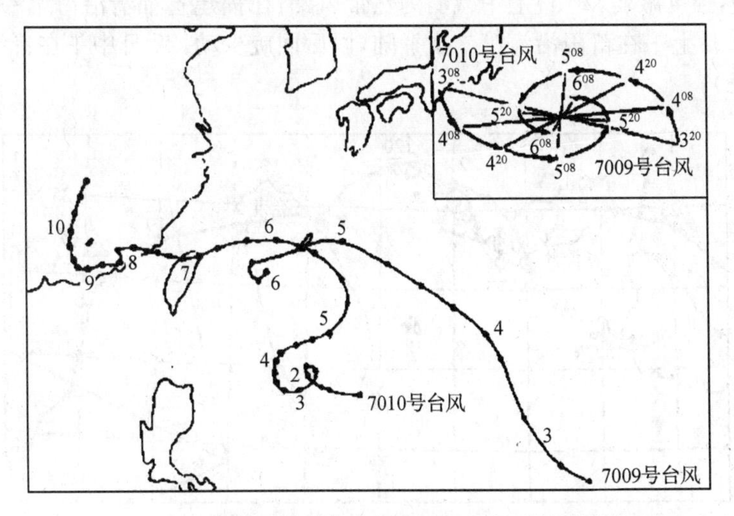

图 8-7　两次典型的台风回旋路径及相对转动廓线

(5) 蛇形路径。台风在前进过程中，有时会出现左右摆动的蛇形路径，根据其路径总趋势大致可分为两类，即北移过程中的东西摆动和西移过程中的南北摆动。这种路径主要出现在7～9月。

(6)、(7) 打转路径。台风打转是其移向急变的一种方式。这类路径是台风异常路径中出现最多的一种,几乎全年都有可能发生。它有顺时针打转和逆时针打转两种路径,在西太平洋地区台风逆时针打转的次数远多于顺时针打转。

(8) 高纬正面登陆。台风生成以后朝西北方向移动时,一般在华东沿海登陆,但也有少数台风在较高纬度(30°N～35°N)一直向西北方向移动而正面登陆朝鲜和我国辽宁省一带。这类路径次数不多,全部出现在7～8月。

8.2.2 影响台风移动的因子

影响台风移动的因子很多,包括:台风本身的旋转、气流辐合上升运动、台风的半径、涡旋内空气的辐合、切向风力大小、台风中心所在纬度、环境(平均气流)的气压梯度、地转偏向力、摩擦力等。

分析和预报台风移动的天气学方法,主要是根据天气图分析,从环流形势入手,结合经验和指标来对台风移动路径作出判断。

台风西移的典型形势是副高强盛、长轴呈东西向,脊线稳定在25°N～30°N之间。

台风转向的典型形势是在我国东部沿海有稳定的长波槽或发展的低槽,台风易从副高西南边缘绕过副高脊线而进入西风带。

西北移台风的典型形势是台风处在稳定而深厚的东南气流控制下。

至于很多台风异常路径,情况复杂,有的是由于双台风作用,更多情况则是由于引导气流不明显。例如,9012号台风便是如此。

9012号台风在登陆后的移动路径是十分奇特的。该台风在1990年8月13日晚在关岛以北的太平洋洋面上生成后向西偏北方向移动,15日加强成强热带风暴,17日发展为台风,19日上午台风中心折向西行,在台湾省基隆登陆,打了一个小转后,进入台湾海峡,速度减慢,强度减弱,20日上午减弱为热带风暴,在福建省福清沿海第一次登陆,之后旋转入海,21日上午在莆田沿海第二次登陆,以后回旋少动,22日中午在晋江沿海第三次登陆(图8-8)。

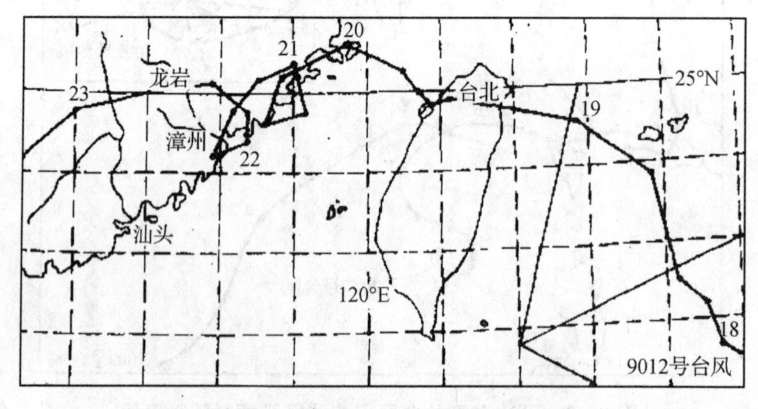

图8-8 9012号台风的移动路径图

9012号台风在福建省反复回转和登陆期间,台风环流处于大陆高压、东部副高和赤

道高压三个反气旋合围之中(图 8 - 9),因此没有明显的引导气流,这可能是造成这次台风的奇特路径的原因之一。

此外,地形的影响有时也会形成一些奇特的路径变化。图 8 - 10 给出了台风经过台湾岛附近时短期路径预报的一些经验规则,可见台湾岛有时可引起台风路径的变化。

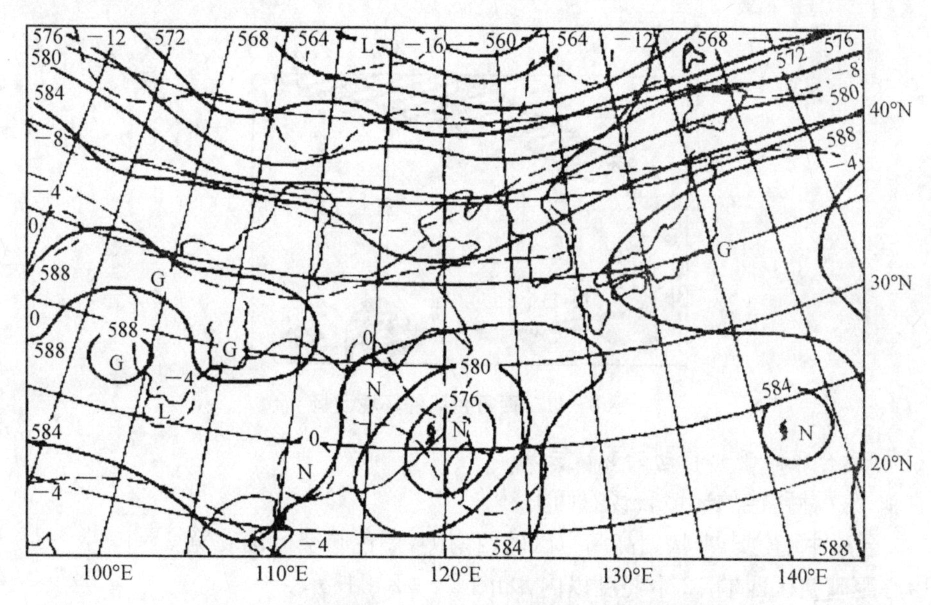

图 8 - 9　1990 年 8 月 20 日 08 时 500 hPa 形势图

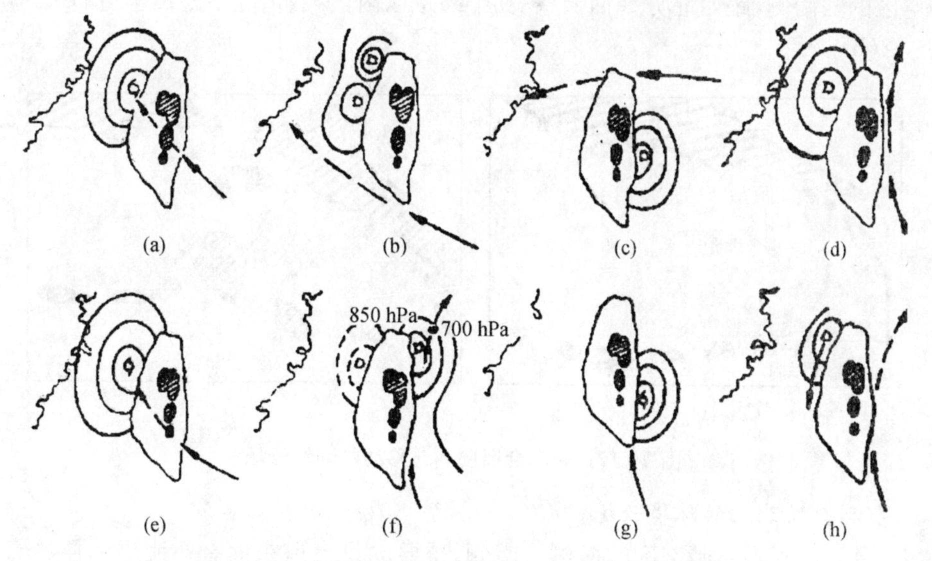

图 8 - 10　台风经过台湾岛附近时短期路径预报规则

8.2.3　用卫星云图判断台风路径

近年来,卫星云图,特别是静止卫星云图经常被用来判断台风移动路径,并积累了如下一些经验：

1. 有利台风西行的环境云场

副热带晴空区为东西走向，强度较强，呈黑色。台风位于晴空区南侧或东南侧，一般距北侧锋面云带10个纬距以上，台风中心距副高晴空区的西脊点12～15个经度以上(图8-11)。

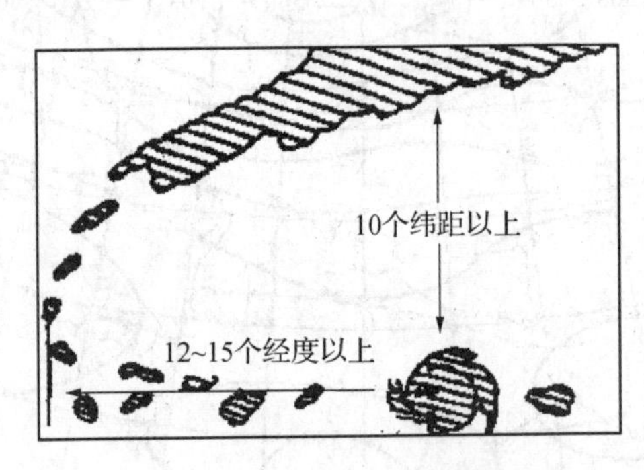

图8-11　西行台风的环境云场

2. 有利台风向西北移动的环境云场

有利于这种路径的环境云场有两类：

(1) 台风中心位于带状副高晴空区的西南侧，黑色晴空区南北宽6～10个纬距，台风云系中心距晴空区西端12个经度以内，如图8-12(a)所示。

(2) 副高反映的晴空区有两环，东环呈带状，西环为东北-西南走向；台风位于东环副高晴空区的西南侧，距西北方锋面云系10个纬距以内，少数情况下距离也可略大一些，见图8-12(b)。

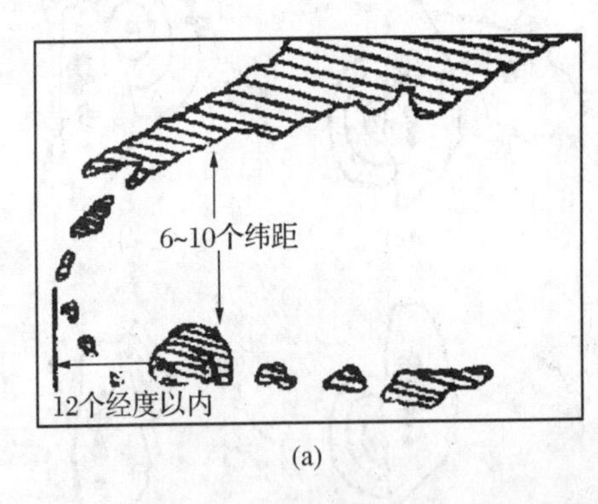

(a)

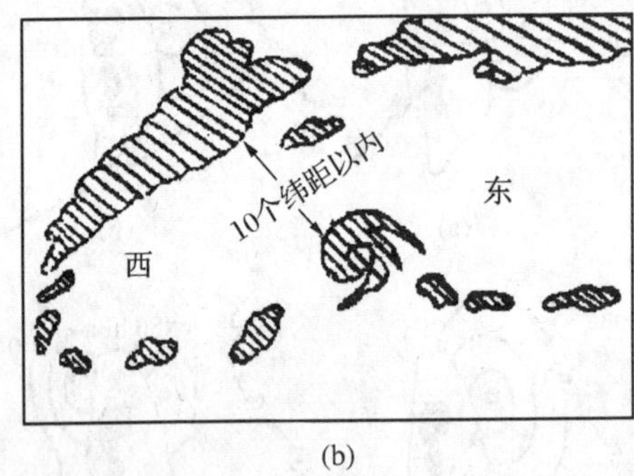

(b)

图8-12　有利台风向西北移动的环境云场

3. 有利台风北上的环境云场

(1) 台风位于副高晴空区的西侧或南侧，重要的是台风东面有一明显南伸的黑色晴空区，此时台风云系中心距北侧晴空区的西端点6～8个经度或更小，如图8-13(a)所示。

(2) 晴空区有两环，西环弱而小，东环呈块状。台风云系位于东环晴空区的西南侧，但其东南方的黑色晴空区比第一种情况显得更强、更明显。这种情况下，即使台风离西北方锋面云系很远，台风也将北上，见图8-13(b)。

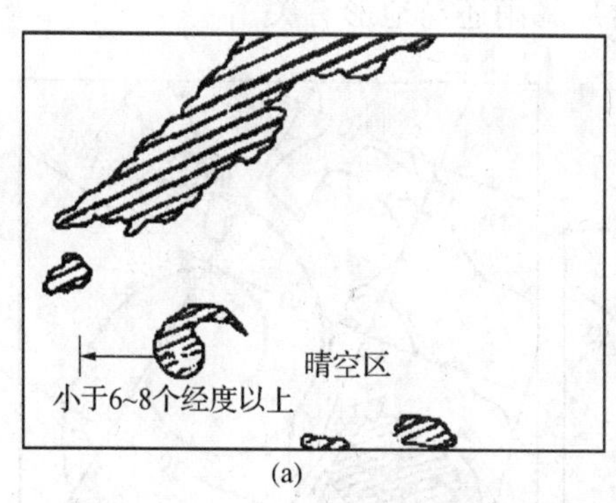

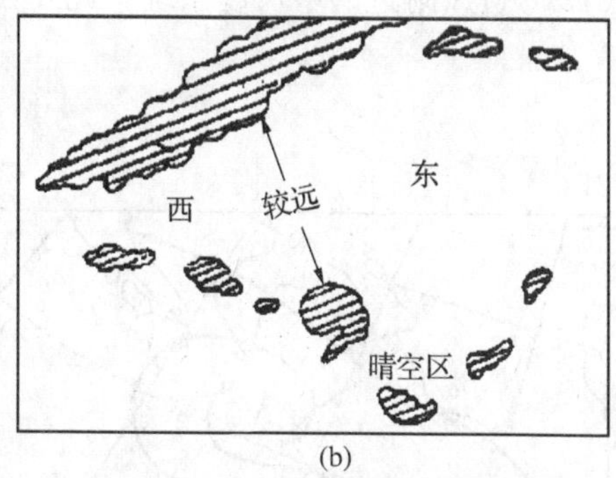

图 8-13　有利台风向偏北移动的云系特征

4. 有利台风转向东北的环境云场

主要特征是台风云系由原来的“9”字形转变为“6”字形，与锋面云系相接(图 8-14)。一般在云系转变为“6”字形后 18～24 h，台风开始转向东北或静止少动。这里，“6”字形前部的锋面云系尾端伸展到台风中心所在经度以西的这一特点是重要的。如锋面云系只在台风所在经度以东，同时东移速度较快时，锋面和西风槽往往很快越过台风，台风则进入槽后折向偏西方向。

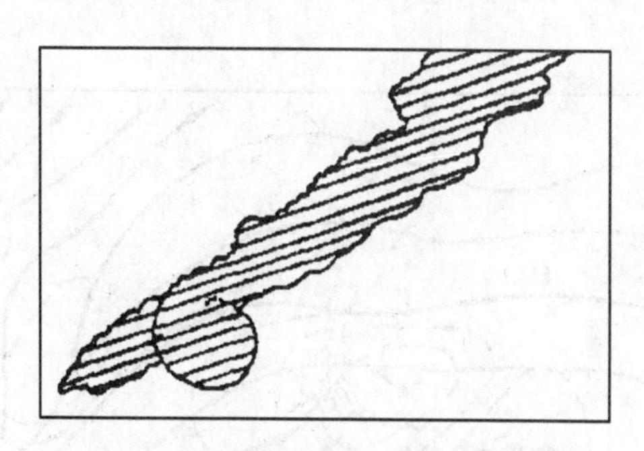

图 8-14　有利台风转向东北的云系特征

§8.3　台风暴雨

台风的灾害主要是由台风大风、暴雨和风暴潮所造成的。其中大风和风暴潮主要影响台风附近地区，而暴雨则往往会影响更大范围，甚至远离台风的地方。

台风暴雨包括台风环流引起的暴雨和台风与周围系统相互作用造成的暴雨。所谓台风环流暴雨，是指出现在台风环流内部，离台风中心数十至上百千米的台风眼壁周围的云墙内的暴雨。台风与很多其他系统作用也可以引起暴雨。例如，台风与西风槽结合、与南支槽结合、台风与副高邻近、台风与热带系统相结合等等都会引起暴雨。图 8-15 表示台风环流邻近副高时的暴雨分布情况。图 8-16 表示在台风倒槽附近产生的暴雨的情况。

台风暴雨还与台风附近的中尺度系统的活动有关。在台风外围常常有许多中尺度系统如中尺度辐合线、中尺度气旋等，台风暴雨常常与这些中尺度系统相联系。图 8-17 表示在 9012 号台风附近的中尺度系统。此外台风暴雨还与地形有关。

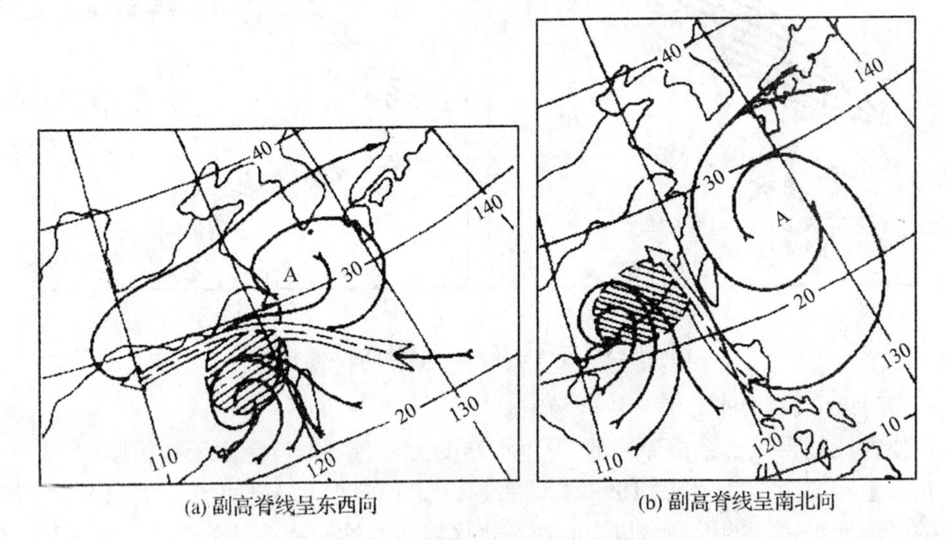

(a) 副高脊线呈东西向　　(b) 副高脊线呈南北向

图 8-15　台风环流邻近副高时的暴雨分布

(虚线表示急流轴,请参见文献[7]中的图 14.6 和图 14.7)

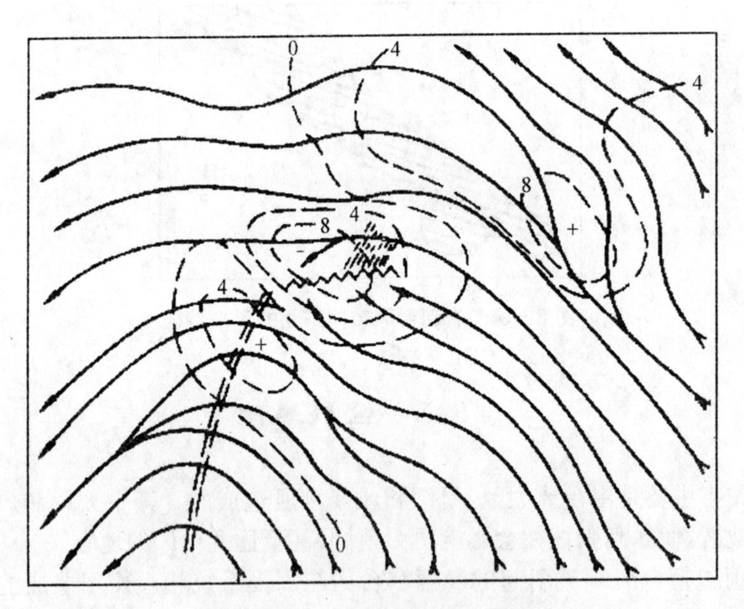

图 8-16　台风倒槽附近的暴雨

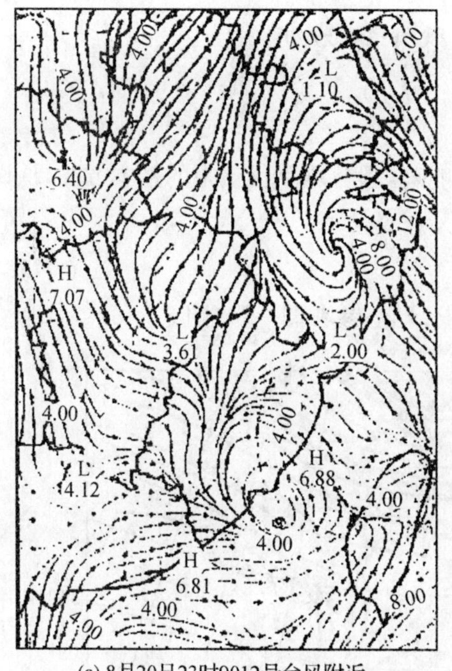

(a) 8月20日23时9012号台风附近地面风场上的中尺度气旋

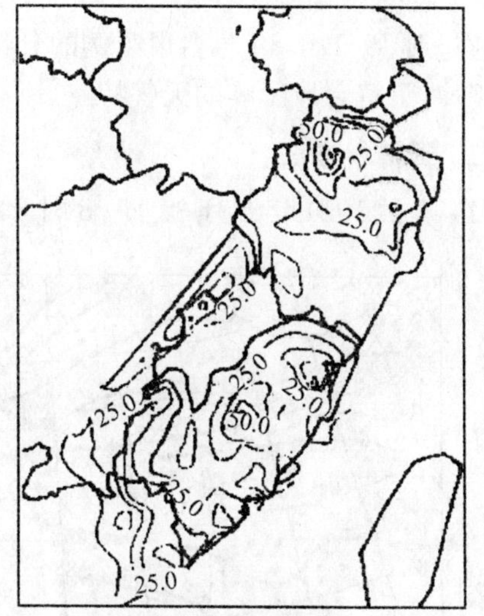

(b) 8月20日20时至21日08时的降水量分布图

图8-17　1990年8月20日23时9012号台风附近地面风场上的中尺度气旋和20日20时至21日08时的降水量分布图

实习八　台风个例分析

一、目的和要求

通过对1981年14号台风个例的分析，初步掌握台风路径预报的基本方法，认识台风活动规律，了解台风影响的天气特点。

二、资料和方法

(1) 提供1981年8月31日08时500 hPa形势参考图一张(图8-18)。

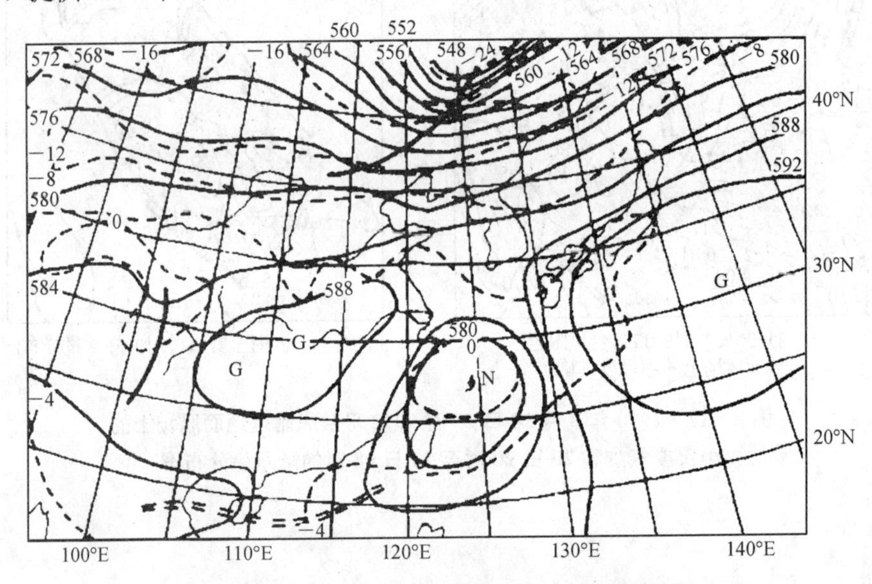

图8-18　1981年8月31日08时500 hPa形势图

(2) 分析1981年8月31日20时至9月1日08时500 hPa图和地面图共4张。

(3) 在9月1日08时地面图上点绘8月27日20时以后各时次台风中心位置。

(4) 制作8月29日20时至9月1日08时的588 dagpm等高线、副热带高压中心位置(包括大陆副高和西太平洋副高)和有关的西风槽位置综合图一张。

三、天气图分析提示

(1) 分析地面图时，重点要画好台风影响的天气区(大风、降水等)，认真分析台风中心附近的等压线(根据台风中心强度的气压值)、台风倒槽，以及正负变压中心和ΔP_3等值线。

(2) 注意31日20时河套至青海湖的降水区，以及35°N附近弱锋面的分析，冷高压中心分别在酒泉和太原附近。

(3) 锋面分析主要考虑历史连续性和高空弱锋区，夏季地面冷空气变性快，且冷空气主力偏北东移，因此锋面附近要素场对比不显著。

(4) 高空图重点分析大陆副高和西太平洋副高，以及588 dagpm等值线的范围走向，并注意西风带的分析。

(5) 赤道辐合带位于南海北部。

四、思考题

(1) 分析这次台风天气过程中台风移动路径与副热带环流形势的特点，以及它们之间的关系。

(2) 分析 31 日 20 时和 9 月 1 日 08 时台风附近地面 3 h 变压场的变化，讨论这次台风是否可能在我国登陆。

(3) 试分析位于河南、山东一线的弱锋面是否可能使台风变性。

(4) 根据以上分析和台风路径预报的基本知识，预报未来 6 h 台风的移动路径。

五、8114 号台风简介

1. 生成发展

8114 号台风于 8 月 27 日 20 时生成，30 日发展为强台风，9 月 1 日 08 时达到最强，中心气压 950 hPa，中心附近最大风力 45 m/s。9 月 4 日 14 时在日本北部变性为温带气旋。

2. 移动路径

台风在热带洋面生成后，向西北方向移动，8 月 31 日 20 时到达我国近海，在 123°E 附近向北移动，移速缓慢，于 9 月 2 日 14 时转向东北。

3. 天气影响

8114 号强台风虽然未在我国登陆，但使华东沿海蒙受了较大损失。受其影响，浙江、台湾出现暴雨和特大暴雨，从台湾、福建直到山东的沿海地区都出现了强风暴潮，浙江宁波、上海等处的最高潮位都破了历史记录。由于风大和持续时间长，又正值大潮汐，引起海水倒灌，淹没了不少农田。

六、有关资料

台风中心位置和强度(表 8 - 3)，500 hPa 副热带高压中心位置的时间演变(表 8 - 4)，用台风中心的海平面气压查算各等压面高度(表 8 - 5)。

表 8 - 3　台风中心位置和强度的演变

时间	经度/(°E)	纬度/(°N)	中心气压/hPa	最大风力/($m\cdot s^{-1}$)
8 月 27^{20}	137.5	18.0	992	20
8 月 28^{08}	135.0	19.3	990	22
8 月 28^{20}	132.9	20.3	985	25
8 月 29^{08}	130.5	21.9	980	30
8 月 29^{20}	129.0	23.1	975	32
8 月 30^{08}	127.2	24.5	970	33
8 月 30^{20}	126.0	25.5	965	35
8 月 31^{08}	124.7	27.3	955	40
8 月 31^{20}	123.6	29.3	955	40
9 月 1^{08}	123.1	30.4	950	45
9 月 1^{20}	123.3	31.0	965	35
9 月 2^{08}	123.9	31.9	980	30

表 8－4　副热带高压中心位置的演变(500 hPa)

时间	西太平洋副高		大陆副高	
	经度/(°E)	纬度/(°N)	经度/(°E)	纬度/(°N)
8 月 29^{20}	149.5	29.5	121.5	28.0
8 月 30^{08}	147.5	31.0	112.0	28.0
8 月 30^{20}	145.7	33.0	114.5	29.5
8 月 31^{08}	143.5	31.0	112.0	29.7
8 月 31^{20}	144.5	31.0	108.5	28.0
9 月 1^{08}	143.5	30.5	110.5	31.0
9 月 1^{20}	146.5	32.5	98.5	26.0

表 8－5　用台风中心海平面气压查算各等压面高度表

	850	700	500		850	700	500		850	700	500
860	13	184	483	877	29	199	495	894	45	215	507
861	14	185	484	878	30	200	496	895	46	216	508
862	15	185	484	879	31	201	496	896	47	217	508
863	16	186	485	880	32	202	497	897	48	218	509
864	17	187	486	881	33	203	498	898	49	219	510
865	18	188	486	882	34	204	498	899	50	220	510
866	19	189	487	883	35	205	499	900	51	221	511
867	20	190	488	884	36	206	500	901	52	222	512
868	21	191	488	885	37	207	501	902	53	223	513
869	21	192	489	886	38	208	501	903	54	224	513
870	22	193	490	887	39	209	502	904	55	225	514
871	23	194	491	888	40	210	503	905	56	226	515
872	24	195	491	889	41	211	503	906	57	227	515
873	25	196	492	890	42	212	504	907	58	227	516
874	26	197	493	891	42	213	505	908	59	228	517
875	27	198	493	892	43	213	506	909	60	229	518
876	28	199	494	893	44	214	506	910	61	230	518

续表

	850	700	500
911	62	231	519
912	63	231	519
913	64	233	520
914	65	234	521
915	66	235	522
916	67	236	523
917	68	237	523
918	69	238	524
919	70	239	525
920	71	240	525
921	72	241	526
922	73	242	527
923	74	243	528
924	75	243	528
925	76	244	529
926	77	245	530
927	78	246	530
928	78	247	531
929	79	248	532
930	80	249	532
931	81	250	533
932	82	251	534
933	83	251	535
934	84	252	535
935	85	253	536
936	85	254	537
937	86	255	537
938	87	256	538
939	88	257	539
940	89	258	540
941	90	259	540
942	91	259	541
943	92	260	542
944	93	261	542

	850	700	500
945	94	262	543
946	94	263	544
947	95	264	545
948	96	265	545
949	97	266	546
950	98	267	547
951	99	267	547
952	100	268	548
953	101	268	549
954	102	270	550
955	103	271	550
956	103	272	551
957	104	273	552
958	105	273	552
959	106	274	553
960	107	275	554
961	108	276	554
962	109	277	555
963	110	278	556
964	111	279	557
965	112	280	557
966	112	280	558
967	113	281	559
968	114	282	559
969	115	283	561
970	116	284	561
971	117	285	562
972	118	286	562
973	119	287	563
974	120	287	564
975	121	288	564
976	121	289	565
977	122	290	566
978	123	291	567

	850	700	500
979	124	292	567
980	125	293	568
981	126	294	569
982	127	294	569
983	128	295	570
984	129	296	571
985	130	297	572
986	130	297	572
987	131	298	573
988	132	299	573
989	133	300	574
990	134	300	575
991	134	301	575
992	135	302	576
993	136	303	576
994	137	304	577
995	138	304	578
996	138	305	578
997	139	306	579
998	140	307	579
999	141	307	580
1000	142	308	581
1001	143	309	581
1002	143	310	582
1003	144	310	582
1004	145	311	583
1005	146	312	584
1006	147	313	584
1007	147	314	585
1008	148	314	585
1009	149	315	586

实验八分析要点讲解

1. 台风分析 1

在对图 8 - 19 台风分析 1 分析时，在该地面图上，首先根据台风报定出台风的中心位置，因为台风中心最大风力大于 12 级，因此需要用“🌀”符号标出。

台风倒槽需要画出来，从台风中心出发，台风倒槽的左侧为东北风，右侧为东南风，台风倒槽的中部由东向西凹，与高空槽相反。

当台风中心气压很低，间隔 2.5 hPa 难画时，可以间隔 10 hPa。

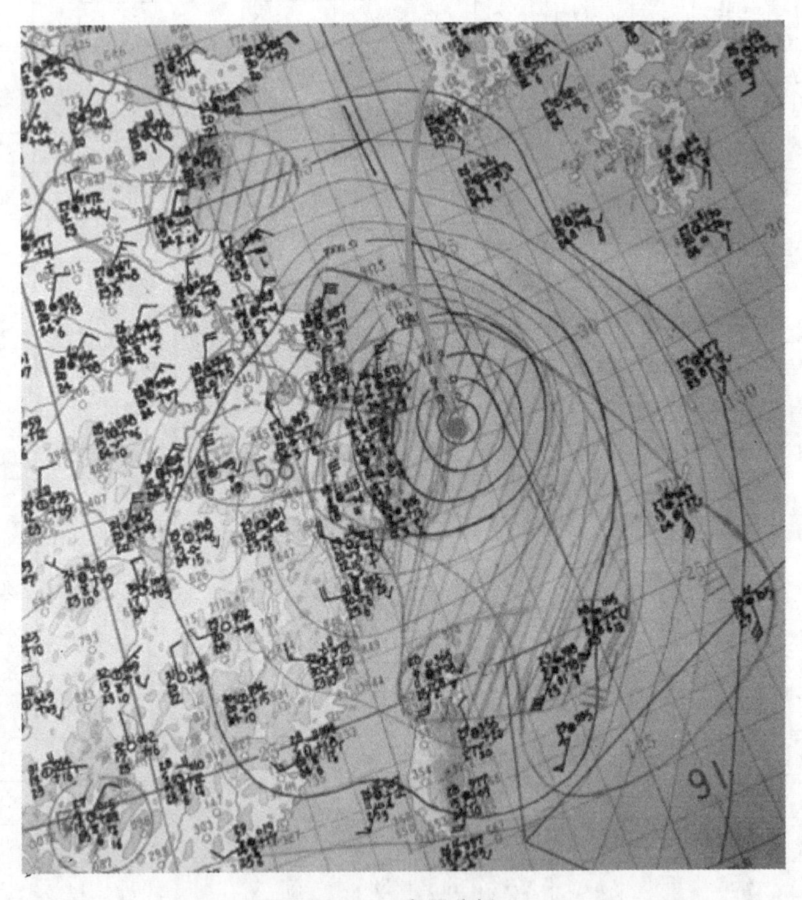

图 8 - 19　台风分析 1

2. 台风分析 2

在对图 8 - 20 台风分析 2 进行分析时，在该高空图上，根据台风报定出台风的中心位置，然后定出台风倒槽。

根据台风报地面上台风中心的气压值是 950 hPa，查表 8 - 4，查得 500 hPa 对应的高度值，该点的高度值是 547 dagpm，当间隔 40 gpm 难画时，可以间隔 160 gpm 。

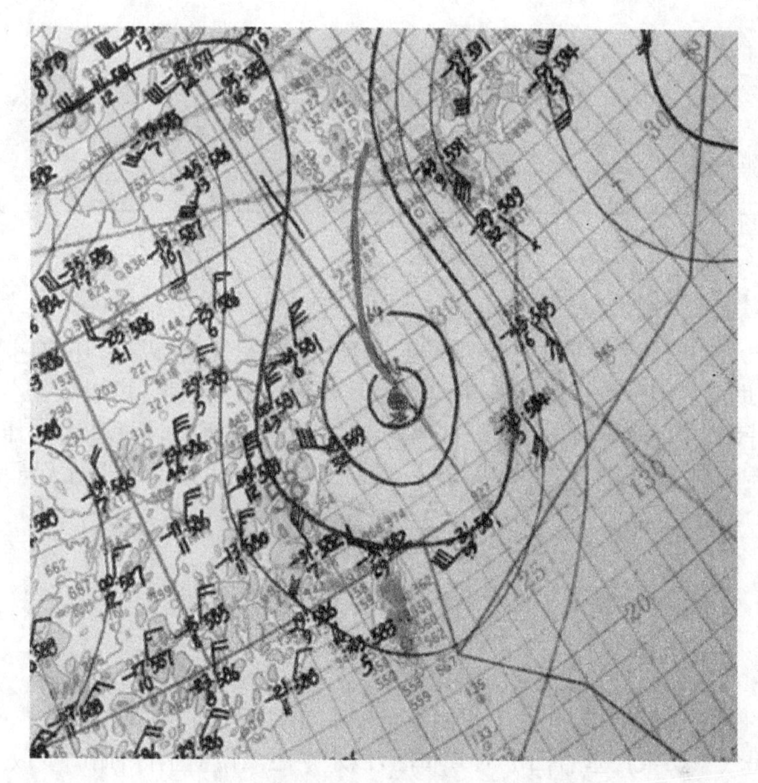

图 8－20　台风分析 2

实验九

剖面图分析

在作天气分析时，除了应用天气图（包括地面、高空天气图）以外，还应用很多种辅助图表，这些辅助图表统称为辅助天气图。辅助天气图的种类很多，可以根据分析、预报工作的需要而择用。常用的辅助天气图有剖面图，高空风分析图，温度-对数压力图，能量图，等熵面图，变温、变压图，以及降水量图，等等。本实验只对部分辅助天气图的制作和应用作一扼要的介绍。

§9.1 剖面图分析

地面图和等压面图都是从水平方向或准水平方向来对大气进行解剖的。为了更详细地了解大气的三度空间结构，往往还须制作空间垂直剖面图，简称剖面图。

剖面图是气象要素在垂直面上的分布图，以水平距离做横坐标，用高度或气压的对数尺度做纵坐标。空间垂直剖面图的使用可以更直接、更清楚地表示出大气的垂直结构，也能充分地了解急流、对流层顶、风等以及温度场和运动场之间在动力学方面的相互关系。

9.1.1 剖面基线的选择

剖面图所取横坐标轴的沿线称为基线。基线的选择，没有一定的规定，一般可以从以下几个方面考虑：

(1) 为了要了解某一子午面上的温度场和风场的构造，就把基线选在这个子午面上。这样的剖面图，称为经圈剖面图。

(2) 当要研究某一天气系统或天气现象区时，可以取一个能明确表示这一天气系统或天气区的方向作为剖面图的基线。例如，了解锋面的空间结构，那么基线最好与锋区相垂直。

(3) 所选剖面上的测站记录不可太少，否则分析结果就不够准确。基线上的测站间的距离也不能太远，否则难以分析，其结果也不会准确。为了补救测站稀少的缺陷，在实际工作中可以把离基线不远的测站记录，沿等压面上的等温线或等高线方向投影到剖面的基线上，或者垂直投影到剖面的基线（简称剖线）上。选用的测站离开剖线的距离应在100 km之内，在测站稀少地区，这一距离可以适当放宽（如在300 km之内）。

(4) 剖线左右两方所表示的方向一般是统一规定的。剖线如为纬线方向（或接近纬线方向），则应把西方定在左方、东方定在右方；而如为经线方向（或接近经线方向），则应把北方定在左方、南方定在右方。空间垂直剖面图的纵坐标为$-\ln P$，横坐标为水平距离。正规的剖面图要求纵坐标的尺度是横坐标的150倍，但在实际应用中，常根据需要另行确定。投影时常用垂直投影的方法，也可沿等压面上的等温线或等高线方向投影到剖线上，然后按一定的格式将各站的气象要素值填在相应高度(气压)上。

9.1.2　剖面图填写与分析的规定

填写剖面图时，先在各站位置上作垂直线，在垂直线下方注明站名或站号，根据剖线上各地的海拔高度，绘出剖线上的地形线。

一、填写项目

在剖面图上要填写探空报告中标准层和特性层的各项记录：

TT——气温，(℃)。

T_dT_d——露点，(℃)。

qqq——比湿，g/kg。

$\theta_{se}\theta_{se}$——假相当位温(也可以用位温 θ)，以绝对温度(K)表示。

此外，将各高度上的高空风向、风速记录填在相应的等压面高度上，填写方法与等压面图相同。

以上各项按填图模式(图 9－1)填写，同时将剖线上测站同一时刻的地面天气报告填写在剖线的下方。

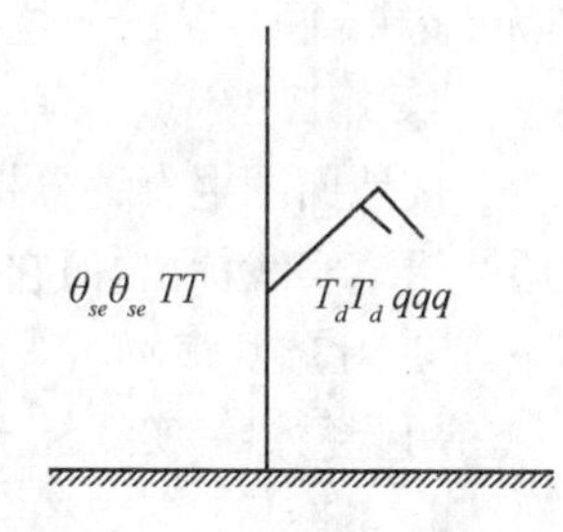

图 9－1　剖面图填图模式

一般，在剖面图上分析热力场或风场。例如，为了确定锋面的位置，分析空间剖面图，如图 9－2 所示。

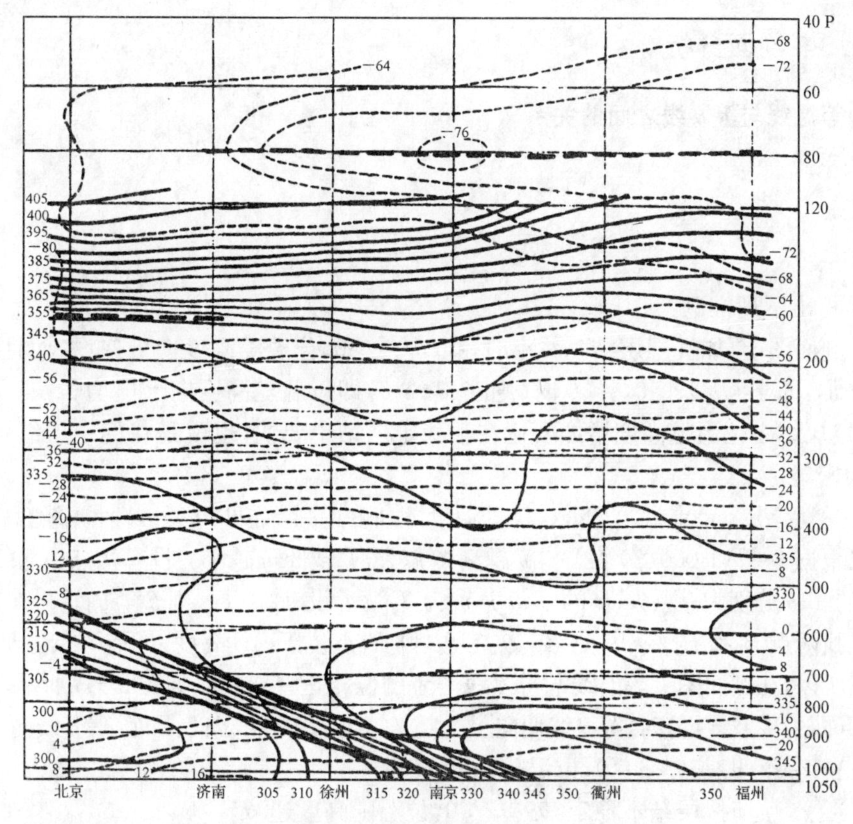

图 9－2　空间垂直剖面图

二、分析项目与技术规定

1. 等温线

每隔 4 ℃用红铅笔画一条实线，各线数值应为 4 的倍数，负值应写负号，例如分析…，−8，−4，0，4，…等值线。

2. 假相当位温线（或等位温线）

每隔 5 K 用黑铅笔画一条实线，各线数值应为 5 的倍数，如…，290，295，300，…，其他要素可根据需要进行相应的分析。

3. 等比湿线

用紫色铅笔分析，把 0.5，1，2，4 和 6 g/kg 等等值线画成细实线，自 2 g/kg 以后，每隔 2 g/kg 画一条线。这一项可根据需要确定是否分析。

4. 锋区

按地面图上有关分析锋的规定，标出剖面上不同性质锋的上、下界，如冷锋的上、下界用蓝铅笔实线标出，而它的地面位置则用黑铅笔印刷符号在剖面图底标出。

5. 对流层顶

用蓝色铅笔实线标出其顶所在位置。

6. 其他

根据需要有时还可以在剖面图上分析涡度、散度、水平风速、地转风速、垂直速度并标出云区、降水区、积冰层、雾层等等。

9.1.3 剖面分析

一、等温线与等 θ 线之间的关系

由关系式

$$\frac{\partial\theta}{\partial z}=\frac{\theta}{T}(\gamma_d-\gamma) \tag{9-1}$$

就很容易得出下列推论：

(1) 剖面图上，如气层层结 $\gamma<\gamma_d$ 时，则$\partial\theta/\partial z>0$，位温随高度向上递增，而且若温度随高度增加，即当$\partial T/\partial z>0$，$\gamma<0$ 时，则$\partial\theta/\partial z\gg0$，即位温随高度向上递增很快。这就是说，在稳定层结中位温随高度增加要比在不稳定层结中要快，也就是在稳定层结中，等位温线较为密集。

(2) 一般情况下，$\gamma<\gamma_d$，$\partial T/\partial z<0$，即温度随高度递减，而$\partial\theta/\partial z>0$，即位温随高度向上递增。又根据$\theta=T(1\,000/p)^{AR_d/C_{pd}}$，$T$ 越高，θ 越大，T 越低，θ 越小。设有两点 A 和 B，高度相同，A 的 T、θ 分别为 T_A、θ_A，B 的 T、θ 分别为 T_B、θ_B，设 $T_A>T_B$，则 $\theta_A>\theta_B$。再在 B 的垂直方向上找两点 B_1 和 B_2，令 $T_{B1}=T_A$，$\theta_{B2}=\theta_A$，则 B_1 点位于 AB 高度以下，B_2 点位于 AB 高度以上。所以，在剖面图上等温线与等 θ 线两者的位相正好相反。如图 9-3 所示，当等温线向下凹（即为冷空气堆）时，等 θ 线便向上凸起来；相反，等温线向上凸时，等 θ 线向下凹。

(3) 当 $\gamma=\gamma_d$ 时，$\partial\theta/\partial z=0$，位温随高度不变。

(4) 当 $\gamma>\gamma_d$ 时，层结不稳定，$\partial\theta/\partial z<0$，位温随高度递减。

二、等 θ_{se} 线的分析

在水汽比较充足的地方，在剖面图上分析 θ_{se} 而不用 θ，其理由是：θ_{se} 对干、湿绝热过程来说都是保守的。作气团分析时 θ_{se} 比 θ 好。在锋区附近常有降水过程，θ 就失去保守性，而 θ_{se} 还是准保守的，也就是说在凝结或蒸发的过程中 θ_{se} 是准保守的。

在剖面图上分析等 θ_{se} 线有以下两种作用：

(1) 等 θ_{se} 线随高度的分布能反映大气层结对流性不稳定的情况，即当 $\partial\theta_{se}/\partial z<0$ 时，大气为对流性不稳定；当 $\partial\theta_{se}/\partial z>0$ 时，大气是对流性稳定。

(2) 根据等 θ_{se} 线的分布，可判断上升运动区和下沉运动区。在等 θ_{se} 线分布上，自地面向上伸展的舌状高值区($\partial\theta_{se}/\partial z<0$)，多为上升运动区；自高空指向低层的舌状高值区($\partial\theta_{se}/\partial z>0$)，多为下沉运动区。

三、对流层顶的分析

对流层与平流层之间的界面，称为对流层顶。对流层里温度一般随高度降低。平流层下部温度随高度变化可能是逆温、等温或递减率很小[(0.10～0.2)℃/100 m]三种情况中之一。由于热带对流层顶高，寒带对流层顶低，所以平流层中冷暖水平分布与对流层往往相反。等温线通过对流层顶时有显著的转折，折角指向较暖的一方。对流层顶经过分析一般定在温度最低或递减率有显著突变处。对流层顶几乎与等 θ 线平行。平流层里因为 γ 很小或为负值，而且气压较低，温度较低，因而 $\theta/T>1$。此比值较大，而且 $\gamma_d-\gamma>0$，此数值也较大，故 $\partial\theta/\partial z>0$，此数值也比较大，因此在对流层顶之上，等位温线非常密集(图 9-4)。

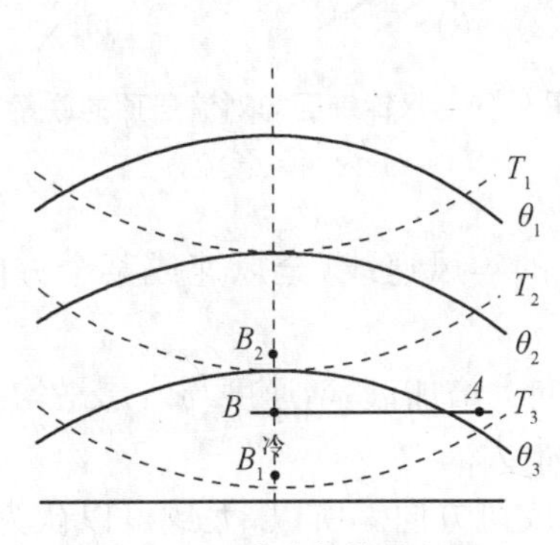

图 9-3　冷空气堆的剖面

(实线为等位温线，虚线为等温线)

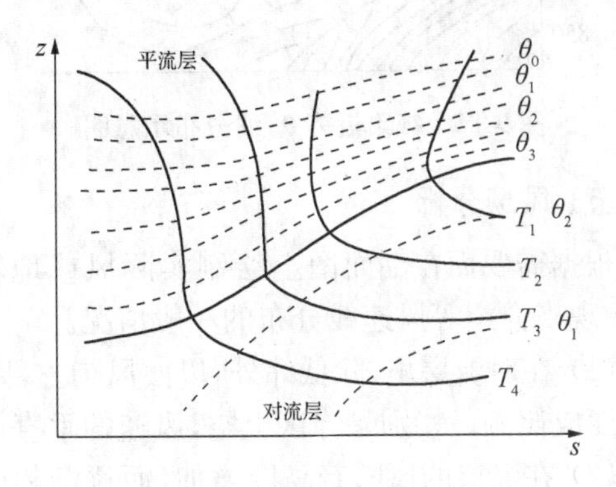

图 9-4　对流层顶的热力结构

(实线为等温线，虚线为等位温线)

四、锋区分析

锋区内等位温线密集，且大致与锋区平行；锋区内等温线接近于垂直，随高度的增加温度呈现逆温、等温和微弱降温。锋区是个倾斜的稳定层。锋区内温度水平梯度远大于气团内的温度水平梯度。等温线通过锋区边界时有曲折。等温线在锋区内垂直方向上表现为稳定层。等 θ_{se} 线与锋区接近平行，而且等 θ_{se} 线在锋区内特别密集(图 9-5)。

当极锋锋区伸展达到对流层的上层时，其附近对流层顶如何与之联系，在分析中，大致有四种不同的模式(图 9-6)。图 9-6(a)是将南面对流层顶和北面对流层顶连接并折叠起来，但和锋面并不相联结。不过，很少资料能证明确有这种折叠存在。图 9-6(b)是将对流层顶附近断裂开，也不与锋面联结，这曾为一般性采用。图 9-6(c)是将对流层锋区引伸到平流层里去，成为一段平流层锋区，平流层锋区的坡度和温度梯度均与对流层锋区方向相反，高低纬两对流层顶则从北、南侧趋向锋区，并在锋区附近稍向下倾斜。这种分析方法有很大的优点，因为能清楚地把对流层中和平流层中的极地气团与中纬度气团都划分开。也有人指出：对流层上层和平流层底层内的锋区是一个系统，经常以同一速度、同一方向移动。目前多采用这种分析方法。图 9-6(d)是将锋区的上界与南面的对流层顶联结，将下界与北面对流层顶连接起来。在东亚上空的副热带锋区的结构与图 9-6(d)有相类似之处，因其上界与热带对流层顶联结，但其下界不一定与中纬度对流层顶联结。

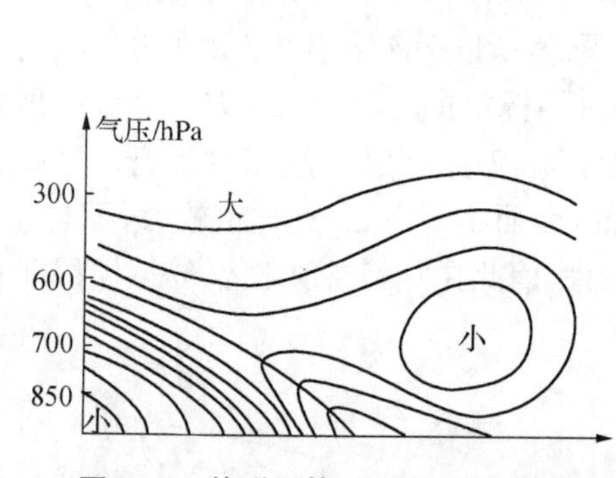

图 9-5　锋附近等 θ_{se} 线分布示意图

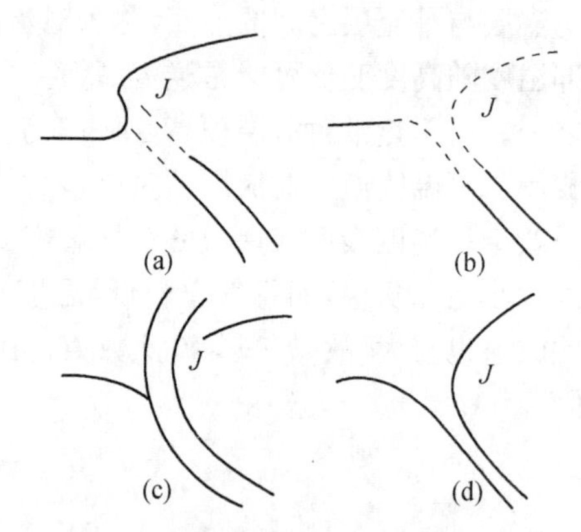

图 9-6　极锋锋区与对流层顶的联系
(J 为西风急流)

五、风场分析

根据需要而在剖面图上绘制实际风或地转风的等风速线(全风速或某个方向的分量)。现来介绍等风速线分布的一般情况。

(1) 在对流层里，除低纬外，以西风为主，风速向上增加；递增速度与气层平均温度水平梯度成比例。特别是锋区上空，风速的垂直切变很大。

(2) 在高层的风随着高度增加，而逐渐趋向热成风方向。所以，大致可以认为：背风而立，低温在左，高温在右。

(3) 西风带常出现风速最大中心，即高空急流区，它应与主要锋区同时出现；中心位置在锋区之上、对流层顶之下，常在对流层顶断裂的地方。

(4) 赤道附近，极地底层及平流层底层以上一般是东风带所在地。

六、判断大气稳定度

一般气团中$\frac{\partial\theta_{se}}{\partial z}<0$时，大气对流不稳定；而$\frac{\partial\theta_{se}}{\partial z}>0$时，对流稳定。在锋区附近暖气团中，中低层暖湿空气沿锋面抬升，对应着自地面向上伸展的舌状 θ_{se} 高值区，$\frac{\partial\theta_{se}}{\partial z}<0$；而

锋后自上而下伸展的舌状低值区，$\frac{\partial \theta_{se}}{\partial z}>0$，对应下沉运动。

§9.2　时间剖面图

为了了解单站垂直空间气象要素随时间的变化情况，可以制作时间剖面图。时间剖面图是以时间为横坐标、高度或气压的对数为纵坐标。为了便于分析系统的过境时间，时间坐标的方向，通常根据天气系统的移动方向来选择。例如，对自西向东移动的天气系统，剖面图的起始时间应列在右端，如图 9－7 所示；天气系统主要自东向西移动时，起始时间应列在左端，这样在剖面图上分析出来的系统，可与等压面图上的系统对照。图 9－7 的时间间距以及所填写的气象要素（如温度、湿度、风、气压等）和分析项目可根据工作需要来选择。

时间						测站
23	20	17	14	11	08	
−2 284 20 +38 −15	−2 207 20 +45 −10	7 165 30 +14 −14	7 158 30 −20 −14	4 187 +01 −14	0 193 30 −06 −10	虎拉盖
−6 235 30 +42 −16	2 190 30 +28 −12	8 145 40 +01 −16	9 133 45 −22 −13	2 184 40 −05 −9	−1 211 40 −09 −13	海流图

图 9－7　时间剖面图

实习九　剖面图分析

一、目的和要求

(1) 掌握剖面图的制作步骤和技术规定。

(2) 初步学会在剖面图上分析等值线(T、θ_{se}、θ、q、$T-T_d$)的方法。

(3) 根据要素场的空间分布,初步学会分析锋面的空间结构。

(4) 计算(剖面图上济南—徐州)锋面坡度。

二、资料及分析内容

(1) 资料:1971 年 5 月 2 日 20 时北京—马公岛剖面图一张。

(2) 分析等 T 线、等 θ_{se}(θ)线、等 $T-T_d$线。

(3) 分析锋面定出锋面上、下界。

(4) 分析对流层顶。

(5) 分析等地转风速线。

(6) 计算济南—徐州的锋段的坡度。

三、思考题

(1) 济南—徐州锋段上界如何分析 θ_{se}线表示有上升运动,配合等($T-T_d$)线及锋区下面天气实况说明之?

(2) 冷气团及暖气团中等 θ_{se}线及等 T 线分布有何特点?

(3) 说出冷气团及暖气团天气分布特点。

(4) 说出等地转风速线分布的特点。

实验十

单站高空风图分析

单站高空风图是预报工作中另一种常用的辅助图。尤其是在缺少等压面图时，分析单站高空风图对于了解测站周围天气系统的分布和空间结构，就更为重要。

§10.1　单站高空风图的填绘

单站高空风图是一张将某站测得的高空风风向、风速填在极坐标上的图。由极点 O 向外呈辐散状的许多直线是等风向线，在各直线的端点标有风向的方位(以度数表示。内圈数值表示风的来向，外圈数值表示风的去向)。以 O 点为圆心的不同半径的许多同心圆是等风速线。

在摩擦层以上风随高度的变化遵从热成风原理。所以从摩擦层顶(高度为数百米)开始，由下向上按测风报告填写各层风的记录。填写的方法是：根据测风报告中的某层风向，在图上找到相应的风向线，再根据该层的风速，沿此风向线找到相应风速值的点，在这里点上点子；在该点旁注明风记录的角度(以 km 为单位，填写到小数一位)。其他各层按同法填写。图 10-1 就是一张已经填好的单站高空风图。图中 $A,B,C,\cdots,H$ 各点是根据各高度的测风记录点的点子。矢量 $\overrightarrow{OA},\overrightarrow{OB},\cdots,\overrightarrow{OH}$ 分别表示各高度上的风向、风速。$\overrightarrow{AB},\overrightarrow{BC},\cdots,\overrightarrow{OH}$ 分别表示两相邻高度之间的热成风方向和大小。A,B,C 到 H 点的连线称为热成风曲线。

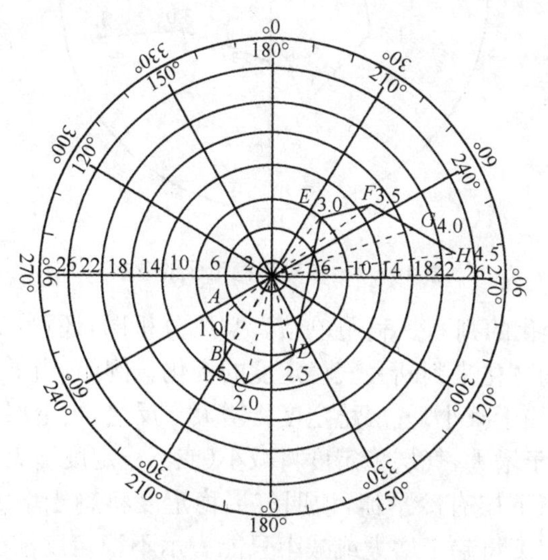

图 10-1　单站高空风图

§10.2 单站高空风图的分析

10.2.1 冷暖平流的分析

根据热成风原理可知，在自由大气中的某层若有冷平流时，则该层中的风随着高度升高将发生逆时针偏转；若有暖平流时，则风随高度升高将发生顺时针偏转。利用单站高空风分析图可以很清楚地判断风随高度而所偏转的方向，因而也就很容易地用它来判明测站上空冷暖平流的实际情况。例如，图 10-1 中，在地面以上 1～3 km 的气层中，风随高度升高而呈逆时针偏转，因此表示该气层中有冷平流；在 3 km 以上的气层中，风随高度升高是呈顺时针偏转的，表示该层中有暖平流。

10.2.2 大气稳定度的分析

(1) 相对不稳定区的分析。在单站高空风分析图上，根据各层的热成风方向就可以判断出各层中相对冷暖区的分布。如有上下相邻两个较厚的气层（通常厚度大于 1 000 m），热成风方向有明显的不同，则可将两气层的热成风平移到图上的空白处，绘成交叉的两条矢线，即如图 10-2 所示四个部分。交点表示本站所在处，四个部分分别表示相对于测站的部位。凡是上层为冷区、下层为暖区的那个部位，就是相对不稳定区，如图 10-2 中偏西的区域。

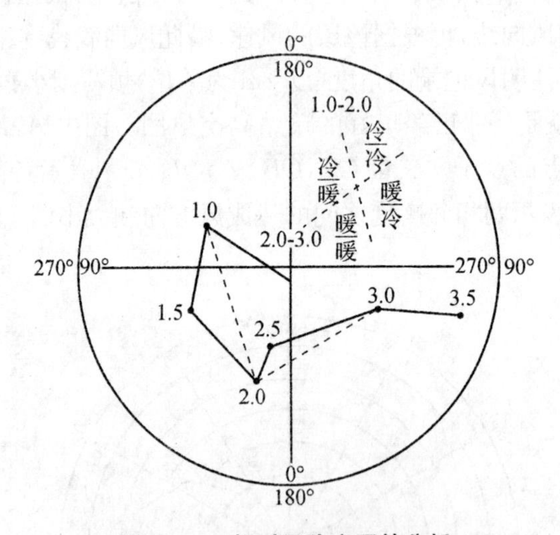

图 10-2 相对不稳定区的分析

(2) 大气稳定度变化的判断。利用单站高空风分析图，还可以通过对各层的冷暖平流符号以及平流强度的变化来判断大气稳定度的变化。例如，当下层有冷平流、上层有暖平流时，则气温直减率趋于减小，气层稳定度将增大。反之，当下层为暖平流、上层为冷平流时，则气温直减率趋于增大，气层稳定度将减小（或不稳定度增大）。图 10-1 中给出的实例是，上层有暖平流、下层有冷平流，说明气层稳定度将趋于增大（或不稳定度趋于减小）。务必注意，不稳定度将趋于增大或减小只能表示不稳定度演变的一种趋向，而不应

理解为气层已经处于不稳定或稳定的状态之下。气层实际的稳定度状况应同时应用温度-对数压力图等工具来作深入的分析。

10.2.3　锋面的分析

利用单站高空风分析图，还可判断锋面性质、锋区所在的位置、锋区的强度以及锋的移速和走向等。

在锋区内，因温度水平梯度很大，热成风也就很大。同时，当测风气球向上穿过冷锋时，因有较强的冷平流，所以风随高度的升高而有明显的逆时针偏转；而当气球向上穿过暖锋时，因有较强的暖平流，所以风随高度的升高而有明显的顺时针偏转。根据这些特点，我们就可根据风随高度发生怎样的偏转来判断有无锋面存在以及锋面的性质。例如，在图 10-1 中，较长，即 2.5～3.0 km 的这一气层热成风较大，并且风随高度升高而做逆时针偏转，由此我们便可判断，在 2.5～3.0 km 的气层中可能存在冷锋。如最大热成风线段越长，则锋区越强。

另外，这种工具也可作为天气图定性判断锋面移速的补充方法之一。具体做法是：从极坐标原点作一垂直于锋区热成风矢线（或其延长线）的直线 V_d（图 10-1），V_d 的长度就表示该层垂直于锋区风速分量的大小。如 V_d 越大，则垂直于锋面的风速分量越大，而锋的移动较快；反之，锋的移动较慢。如果 V_d 很小，则可判定此锋为准静止锋。

高空锋区即等温线密集带，而等温线密集带又与最大热成风走向平行。因此，根据最大热成风的走向即可大致判断高空锋区的走向。例如，根据图 10-1 中的线段的走向，可以判断高空锋区的走向大致为南北向。

10.2.4　气压系统的分析和判断

利用单站高空风图还可判定本站处于什么气压系统之中以及在系统的哪一部位等。在没有天气图时，这就可作为判断天气系统的一种参考性的依据。在不同性质的气压系统中，风随高度的变化情况是不同的；在同一气压系统的不同部位上，风随高度的变化情况也各不相同。这是应用单站高空风分析图来判断测站附近的气压系统的性质和本站相对于系统的部位的根据。

例如，冷高压是浅薄系统，其高度一般只有 3～4 km。在冷高压的东部，近地面风向偏北，向上则转为偏南风。风向随高度升高而逆转，同时风速随高度升高而出现一风速减小层。又如冷低压，这是一种深厚系统，气旋式环流随高度升高而加强，所以在冷低压内风向随高度变化不大，而风速则随高度升高而增大。

实习十　单站高空风图分析

一、目的和要求

(1) 学会单站高空风分析图的填绘。

(2) 根据此图能分析判断测站上空各层的温度平流性质;稳定度及其变化;高空锋区的位置、性质、走向、移速等情况。

(3) 根据热成风、温度平流等判断测站上空附近的温压场的相对位置。

二、实习资料

2009 年 6 月 3 日 20 时,徐州(58027)探空资料为

58 027　117.15　34.28　42　150

995	9 999	29	14	90	2
925	69	25	15	130	8
850	143	19	15	235	4
787	9 999	14	12	9 999	9 999
765	9 999	13	5	9 999	9 999
708	9 999	7	−1	9 999	9 999
700	306	7	−4	290	10
689	9 999	6	−12	9 999	9 999
626	9 999	1	−19	9 999	9 999
526	9 999	−12	−14	9 999	9 999
509	9 999	−14	−19	9 999	9 999
500	572	−15	−22	295	7
484	9 999	−16	−29	9 999	9 999
413	9 999	−23	−48	9 999	9 999
400	738	−25	−49	270	12
323	9 999	−38	−57	9 999	9 999
300	940	−40	−60	300	15
250	1 063	−47	−67	280	24
249	9 999	−47	−66	9 999	9 999
200	1 211	−46	−66	260	40
198	9 999	−46	−66	9 999	9 999
150	1 399	−54	−73	265	37
115	9 999	−65	9 999	9 999	9 999
105	9 999	−66	9 999	9 999	9 999
100	1 651	−67	9 999	285	27

三、分析内容

(1) 填绘 2009 年 6 月 3 日 20 时徐州站的高空风分析图一张。

(2) 分析上述高空图中:各层平流性质、各层的稳定度、判断有无锋区,指出其高度、性质、移向、移速,试判断 2 000 m 附近和 1 000 m 附近高度,测站所处的温压场位置。

以上分析结果要求做出书面报告。

实验十一

流线分析

高原地区、低纬热带地区的天气分析方法与平原地区、中高纬地区的天气分析方法不同，它们都各有特点。

§11.1　高原地区的天气分析

我国西南部的青藏高原，地处 26°N～40°N，70°E～104°E，面积 200 多万平方千米，海拔平均达 4.0～4.5 km。在这个大高原上，山峦重叠，地形复杂，气象要素日变化很大，因此必须相应地采用适合这些高原特点的天气分析方法。

11.1.1　高原地区地面天气图的分析

一、地面 24 小时变压（ΔP_{24}）的分析方法

ΔP_{24}就是将当时的本站气压减去 24 h 前的本站气压所得的差值。分析 ΔP_{24}时，分别用红、蓝、黑色铅笔绘出负、正、零等变压线，各线间隔一般为 2（或 2.5）hPa，同时标出正、负中心及大值区，这样就构成了一张 ΔP_{24}图，ΔP_{24}分析是高原地区气象台创造的一种适用于高原天气分析的方法，现已普遍使用。

（1）使用 ΔP_{24}作高原分析的原理。

高原上的气压场直接受到地形的影响。设高原地形函数为 $z=z(x,y)$，气压分布函数 $P=P(x,y,z,t)$。受到高原地形影响的气压场为 $P_{高}=P(x,y,z(x,y),t)$。

求偏导数，得到

$$\left.\begin{aligned}\left.\frac{\partial P_{高}}{\partial x}\right|_{y,t}&=\left.\frac{\partial P}{\partial x}\right|_{y,z,t}+\frac{\partial P}{\partial z}\frac{\partial z}{\partial x}\\ \left.\frac{\partial P_{高}}{\partial y}\right|_{x,t}&=\left.\frac{\partial P}{\partial y}\right|_{x,z,t}+\frac{\partial P}{\partial z}\frac{\partial z}{\partial y}\\ \frac{\partial P_{高}}{\partial t}&=\frac{\partial P}{\partial t}\end{aligned}\right\} \tag{11-1}$$

由此可见，受高原地形影响的只是气压场的沿地形（按空间）分布的状态，而局地气压变化趋势却仍旧保持，因此气压变量在高原内外是可以比较的。这就是建立 ΔP_{24}分析的思路或理论根据。

(2) ΔP_{24}与 500 hPa 等压面的 24 h 变高(ΔH_{24})的关系。

根据相对位势公式及静力学公式可以推出，地面(本站)气压变化与 500 hPa 的变高有如下关系：

$$\frac{\partial P}{\partial t}=\frac{9.8}{R}\frac{P_0}{T_m}\frac{\partial H_p}{\partial t}-\frac{P_0}{T_m}\ln\frac{P_0}{P}\frac{\partial T_m}{\partial t} \tag{11-2}$$

式中，P_0为测站的本站气压；P 为 500 hPa 等压面；T_m为从测站的地面到 500 hPa 等压面之间的气层平均温度；H_{p0}及 H_p分别为 P_0及 P 等压面的高度。

由式(11－2)可以看出，本站气压随时间的变化，在数值上与两项因子有关：一项是本站上空 500 hPa 等压面的高度随时间的变化；另一项是从本站的地面到 500 hPa 等压面之间的气层平均温度随时间的变化。

青藏高原的主体部分海拔高度与 500 hPa 等压面距离较近，式(11－2)中的 $\ln(P_0/P)$很小，因此高原上地面气压的变化主要受 500 hPa 等压面高度变化的影响(即主要由$\partial H_p/\partial t$项来决定)。当 500 hPa 等压面位势高度降低时，地面气压也降低；当 500 hPa 等压面升高时，地面气压也升高。因此，反过来我们便可用高原地区地面 ΔP_{24}图来近似地了解500 hPa的天气形势的变化。这就是说，地面负变压与 500 hPa 负变高相对应，反之，地面正变压则与 500 hPa 正变高相对应。由于地面 ΔP_{24}图一天可有 8 次，而高空图一天只有两次，因此利用 ΔP_{24}图可以更方便和及时地监视高空天气系统的活动，从而有助于做好当地的天气预报。

根据实践经验：当高原上空 500 hPa 有明显的槽(或低压)、脊(或高压)活动时，地面的 ΔP_{24}负值中心通常位于 500 hPa 脊线后部到槽线前部之间(图 11－1)；而地面 ΔP_{24}正值中心则在 500 hPa 槽线后部到脊线前部之间(图 11－2) ΔP_{24}零线往往与槽线相配合，零线走向大体与槽线走向一致，大多数情况下，ΔP_{24}零线落后于槽线，超前于槽线的情况很少见到。

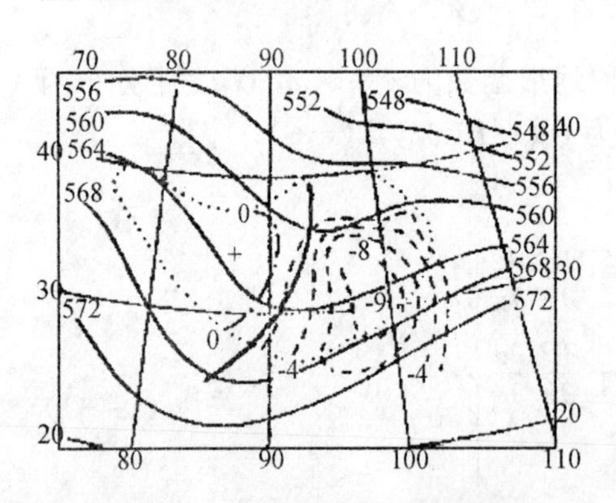

图 11－1　地面 ΔP_{24}负值中心位于 500 hPa 脊的槽前

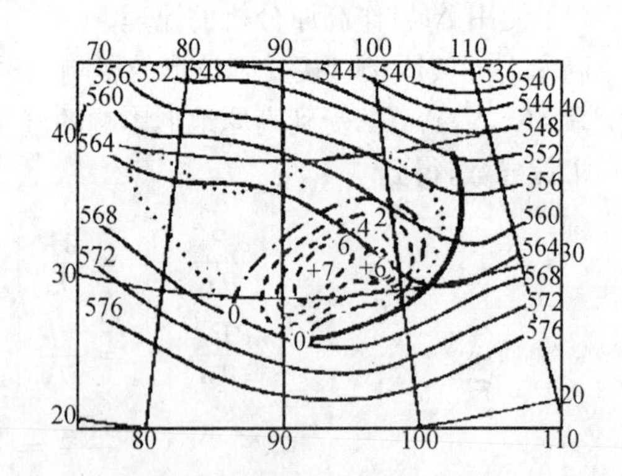

图 11－2　地面 ΔP_{24}正值中心位于 500 hPa 槽向脊前
(粗实线为 500 hPa 槽线，虚线为地面 ΔP_{24}等值线)

在青藏高原的边缘地区(柴达木盆地、河西走廊、云贵高原的北部)，ΔP_{24}的变化不仅受高层的等压面影响，而且也与对流层下半部的冷暖平流密切相关，因此情况比在高原上要复杂一些。由式(11－2)可以看出：当$\partial T_m/\partial t=0$ 时，则受高空系统影响；当$\partial H_p/\partial t=0$

时，则受低层系统影响。当$\partial T_m/\partial t\neq0$、$\partial H_p/\partial t\neq0$时，则高、低层气压系统都有影响。因此，同样是$\Delta P_{24}$的正值，有时反映高空脊的活动，而有时却反映低层冷空气的活动，那么ΔP_{24}的正值在什么情况下是由500 hPa高空脊活动引起的，什么情况下是由低层冷平流引起的？关于这个问题，可以从下面介绍的一些实践经验中获得解答。

① 如果ΔP_{24}正值区域是从北疆、河西走廊逐渐向东南扩展而进入高原，这时ΔP_{24}的配置是北正南负，表示了低层有冷平流；如果ΔP_{24}正值区是从高原本部向东或东北扩展，这时地面ΔP_{24}的配置是南正北负，表示了500 hPa高压脊加强或移近。

② ΔP_{24}零线直到ΔP_{24}正值中心附近，有一片坏天气（如总云量大于5，有高层云、高积云或积雨云，有大风和阵性降水），则表示这个区域低层有冷平流；如果在ΔP_{24}零线前面的ΔP_{24}负值区里天气很坏，而零线已过，ΔP_{24}正值所到各站天气相继转好，表示500 hPa上有脊过来。

③ 由冷平流活动引起的正ΔP_{24}区在移到高原之前，因空气在山前堆积，ΔP_{24}零线在一段时间（3～6 h）内是准静止的，且正ΔP_{24}在加强起来；而在过山后，正ΔP_{24}的数值则显著减小。在这种情况下，跟500 hPa高压脊相应的地面正ΔP_{24}区是连续地东移的，且在东移过程中，其强度往往越变越大，直到98°E附近为止。

（3）高原上ΔP_{24}与冷锋的关系。

进入高原的冷锋，ΔP_{24}的表现很清楚。一般说来，在冷锋前面的ΔP_{24}为负值，冷锋后面的ΔP_{24}为正值。零线与锋面平行并稍落后于锋线，但很少重合。如果ΔP_{24}零线与锋线重合或超前锋线，则此冷锋是在显著地减弱中。而在副冷锋前后的ΔP_{24}表现得与主锋略有不同，锋前不一定是负ΔP_{24}，有时可能是正ΔP_{24}，但正值较锋后为小。

西北高原地区，有许多大山脉，如昆仑山、天山、阿尔金山、祁连山等，它们对冷空气的活动有明显的阻挡作用。当地面冷高压移向山区时，冷空气往往在山前堆积，气压梯度增大，移动速度逐渐减小，等压线、等变压线皆会与山脉走向相平行。这时山地一带的正变压线可以近似地被当作等压线看待，变压中心值的增减可以近似看作冷高压的加强或减弱。

冷锋的强度和移速常与锋线至ΔP_{24}零线距离有关。较强而移速较慢的锋面，ΔP_{24}零线和锋线距离较近；反之，较弱而移速较快的锋面，距离较远。

（4）ΔP_{24}负中心的移动路径，往往也就是未来ΔP_{24}正中心的移动路径，即未来冷空气的路径。这是因为在通常情况下，一对正负变压中心对应着一个高空槽，并且它们都是沿着高空引导气流移动的缘故。若在某次过程中高原上ΔP_{24}的负值大于周围地区，则表明500 hPa等压面在高原上有显著下降，槽或涡东移发展，而天气转坏。又如果ΔP_{24}在甘肃东部分布呈东正、西正、南负、北负的形状，且负变压区趋于打通，这样就构成我国西北地区东部最常见的降水形势之一。在这种形势下，降水量和降水区域通常都比较大。

综上所述，ΔP_{24}的分析在高原上可以表示500 hPa的大致形势以及地面气压系统的强度、移动和演变等情况。此外，ΔP_{24}还消除了日变化的影响。在很多台站除了使用ΔP_{24}以外，还使用过ΔP_3、ΔP_6、ΔP_{12}、ΔP_{48}等项。这些变压也各有其优点，例如，在夏季用ΔP_3确定较小的系统，特别是切变线或锋生现象就很好。但比较起来，这些变压所起的作用一般都不如ΔP_{24}清楚。实践证明，ΔP_{24}分析方法是高原天气分析的有效方法之一。

但是，ΔP_{24}也有其局限性。首先，变压场只是一种相对形势，并不代表实际的气压场。所以，在分析我国地面天气图时，高原地区的气压场总是一块空白，那里的地面气压形势究竟怎样，有什么系统在活动等等，都难以做到一目了然。其次，当 ΔP_{24} 的数值及其变化很小时，ΔP_{24} 就难以应用。在夏季，高原上系统很弱，天气却很复杂，但这时 ΔP_{24} 变化很小，用 ΔP_{24} 就不易反映天气的变化。此外，在西风环流下，有小波动快速地移过时，ΔP_{24} 的反映也不如 ΔP_3 灵敏。如果系统移动周期刚好是 24 h，则 ΔP_{24} 就反映不出来。

二、距平法

兰州气象台 1972 年提出来用候或旬的多年气压、气温平均值与逐日的值相比较而得的气压、气温距平值，配合 ΔP_{24} 来作高原地区的日常分析，这种方法叫作“距平法”。

具体做法是：将每个测站的距平值，以代数值填在天气图上，分析其相对的高值与低值中心，然后配合 ΔP_{24} 图确定锋面、切变线、飑线等天气系统的位置。例如，图 11－3 是一张温度距平图。从图上可以看出，在银川至西宁一线有一个正、负距平的过渡区，在冷锋后基本为负距平，冷锋前为正距平，冷锋后温度距平等值线密集与锋面平行，而在飑线（图中粗实线）附近，温度均为正距平。图 11－4 是一张气压距平图，图中粗实线为飑线，锋面两侧和飑线两侧都有明显的气旋式切变，锋和飑线的后部都有距平的相对高值区，锋和飑线的前部都有相对的距平低值区。

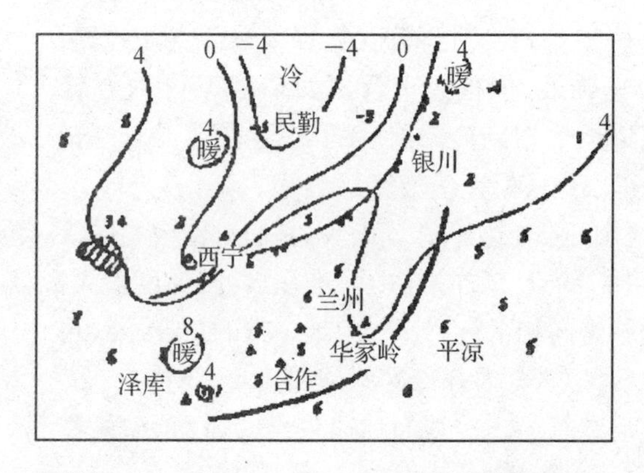

图 11－3　1973 年 7 月 17 日 14 时温度距平图

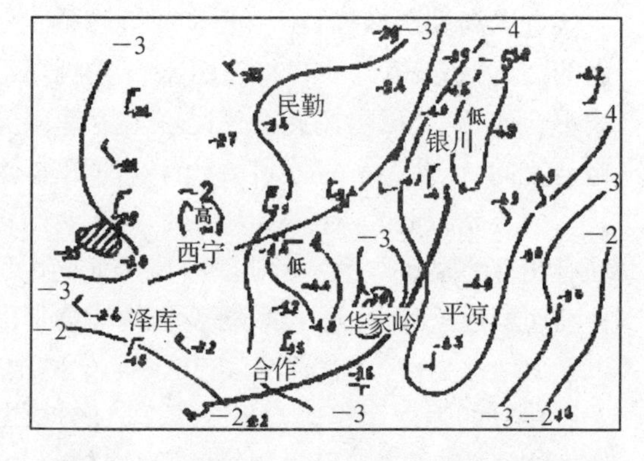

图 11－4　1973 年 7 月 17 日 14 时气压距平图

这种方法使用结果表明，认为用于分析中小尺度系统较好。但在高空环流形势变化不大时，也看不出什么明显系统，例如在西北气流控制下，地面无冷锋和切变时，气团内部的雷雨、冰雹天气往往分析不出来。另外，海拔高度差异的影响不能完全消除，绘制也较麻烦，因此尚未能推广使用。

三、其他方法

分析高原地区天气形势还有一些其他方法。

1. 600 hPa 图的分析

兰州高原大气研究所提出，由于青藏高原的主体平均高度在 4 km 左右，接近 600 hPa 等压面，所以分析 600 hPa 图并与 500 hPa 图相比较，便能很好地反映高原地区的地面系统。600 hPa 图比 ΔP_{24} 图更能直观地反映地面形势。但其缺点在于 600 hPa 受高原地区日变化的影响较大，而这种日变化有时甚至超过系统本身的强度。所以，

600 hPa 系统的移动规律有时反而不如 500 hPa 明显。另外，目前各气象台站不发 600 hPa 的记录，这也限制了这种方法在日常工作中的应用和检验。

2. 地面“气象要素势”分析

中国人民解放军 87205 部队和甘肃省酒泉地区气象局 1975 年提出一种用“气象要素势”作高原地区地面分析的方法。具体做法是：首先把各站逐日定时的气温、气压资料（经过平滑处理以后），按从小到大的顺序排列起来，并分成数目相同的“等级”（例如，从＋9 到－9，分为 18 个等级），然后将各站的气温、气压值化成“级”别，比较和分析“级”的逐日、逐时变化。这种用“级”表示的气象要素便是“气象要素势”（包括“气温势”“气压势”等）。

将同一时刻的气压势、气温势填在一张天气图上，并以 2 级为间距分析等值线，这样便得到“高原地面温压势场图”。在势场图上，许多等压面图分析的规则仍能应用。例如，高压有反气旋性环流，低压有气旋性环流，气压势梯度大，风速也大（但尚未得出定量关系）；锋面通过低压区气旋性曲率最大处等等。这种方法正在进一步试验研究，存在的主要问题是查表换算的工作量较大。

11.1.2 高原地区的高空天气图分析

一、高原上 700 hPa 图的分析

高原边缘地区的地面高度大部分都在 700 hPa 等压面以下，所以这些地区仍作 700 hPa 图的分析。不过，由于这些地区的高度大部分仍在 1 km 以上或在 3 km 左右，因此 700 hPa 等压面上的各要素受地面影响很大，所以在分析高原边缘地区 700 hPa 图时经常会遇到诸如温度异常、风不符合地转风以及高度记录不好用等问题。

产生上述这些问题的原因是，由于西北地区和青藏高原的边缘部分，700 hPa 等压面接近地面，与天山、祁连山等山脉相切割，因此在这个地区内 700 hPa 上的探空（测风）观测值受到地形、日变化等非系统性的影响特别显著。我国气象工作者经过长期实践，已经总结出来一些解决上述问题的经验。

(1) 在等高线与风向之间很不一致的情况下，分析时首先要考虑接近订正后的高度值，不要因考虑风向而分析出一些实际不存在的小系统。

等高线与风向之间很不一致的情况，可能有三种：

首先，当系统很弱时，地方性（如地形、日变化）影响掩盖了系统的特点。例如，在西宁、兰州等地，700 hPa 图上常吹偏东风，有时又有些坏天气，于是认为可能在它们的南面有低涡存在，而将其分析出来。但实际上，这是地形影响造成的结果，也就是因为青藏高原与其四周之间受热的差异所产生的山谷风造成的结果。在白天，高原受热大于四周，所以高原东部有谷风，即东风；反之，在夜间高原东部有山风，即西风。因此，造成 20 时 700 hPa上西宁常吹东风，而在 08 时 700 hPa 上经常吹西风。

其次，因为西北测站平均海拔较高，所以这一带（主要是新疆、青海）大气低层出现的逆温层常在 700 hPa 等压面附近。当逆温层与 700 hPa 等压面相切割时，因逆温层上下风向切变较大，所以在 700 hPa 上就会看到有明显的风向切变。这时也不能机械地按照风向来分析等高线，这种情况在冬季经常见到（夏季有时也有）。

最后，因为西北有些测站离 700 hPa 很近，以致 700 hPa 上的风有的就是地面风，有的则受地面影响很大，所以在分析中完全没有代表性。例如，青海和祁连山里的一些站就是如此。

(2) 有时从测风记录上看确实有一个完整的系统存在，但因记录比较少，而预报员又没有仔细分析，他们往往会错误地认为记录不可靠而将其舍去。因此，需要注意，在我国西北地形的影响下，常常会在某些地区出现一些范围较小的系统。因此，必须仔细考虑并认真地将其分析出来。一般来说，这类系统可以从风向环流上分析出来，它们往往还配合着小范围的天气现象。

关于在高原边缘地区 700 hPa 图上较常见的小系统，在这里可以列举一些。

首先，有兰州—西宁间的小高压。在祁连山的东南端常常有一个孤立的闭合小高压生成。有时一块雨区在柴达木盆地西部出现后向东移动，一遇到小高压的边缘就停止不前或者向东南方退去。

其次，有哈密—敦煌间的地形槽。在哈密—敦煌之间，700 hPa上的气流常因山地的阻挡作用而被迫折向，形成地形槽。如果冷平流不强，这种槽一般是不发展的，东移后逐渐消失，地面图上除有些中高云外，并无其他征象。这种地形作用对某些来自西方的适当波长的小槽可引起“共振”，使处在槽前的河西地区天气变得很严重。一旦移出该区，槽的强度和天气又重新减弱。春夏季中，河西西部常有一个准静止的降水区，东移时就不断减弱了。这是由于这片雨区的成因部分是由于冷空气在祁连山北麓抬升凝结的结果，另一方面就是由于这种地形槽的作用，而使其呈准静止的。

(3) 槽自西向东运动并非简单的机械移动，而是在不断地变化和发展着的。因此，在分析中不要被一些表面现象所迷惑，以避免作出错误的分析。例如，某次过程中，槽经过巴尔喀什湖之后，由于槽前沿山地区空气堆积使槽的南端在原地很快减弱，但北端(45°N 以北)却仍继续东移。这时随着冷空气的移动，槽已快到乌鲁木齐(图 11－5)，但是槽后的风在沿天山一带被迫转成西-西南向。此时如果只从风向上看，可能把主槽画在后面，而错误地认为库车的记录太低。但实际上，库车的记录是正确的。在这种情况下，正确的分析是把槽线穿过山地画在阿拉木图和库车之间。图 11－5 中虚线为原来分析的槽线位置是需要改正的。

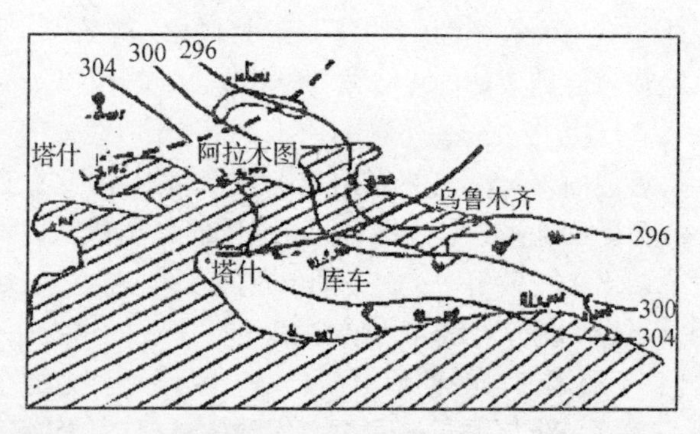

图 11－5 新疆地区地形造成高空槽落后假象的例图

槽线到达乌鲁木齐与哈密一带，常常由于部分冷空气进南疆，又可看到槽变形或分裂的现象。槽的北段沿内蒙古自治区及河西走廊东移，南端在南疆地区形成低涡(或槽)，这种低涡(或槽)是因为冷空气自北和西方进入而出现的，它随着冷平流结束而填塞，不会移出南疆盆地，也不会在原地加深，

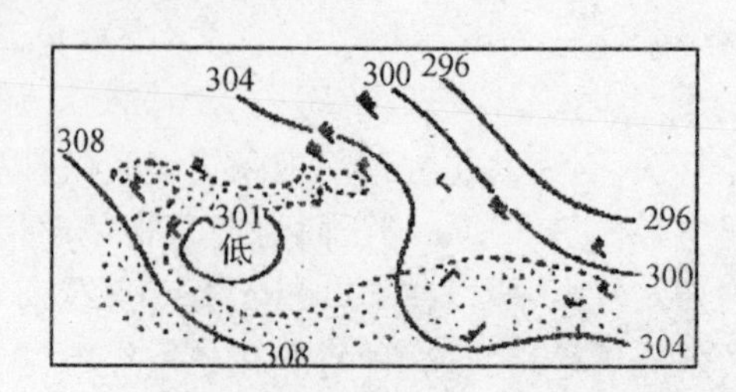

图 11－6 新疆地区地形强迫形成的气旋环流例图

可以将其看作一种没有生命力的被迫形成的气旋环流(图 11 - 6)。

(4) 700 hPa 温度记录的应用。在冬季的晴朗夜间，高原北部某些站 700 hPa 的高度距地面很近，以致 700 hPa 等压面常位于辐射逆温层底部，而温度较低。因此，常在柴达木盆地出现冷中心，与高原外围测站所具有的自由大气温度之间有很大温差。夏季高原地面上午开始强烈增温，到 20 时，700 hPa 图上高原上空就会出现很强的暖中心。如 7 月份 700 hPa 20 时与 08 时的平均温差，冷湖、格尔木、合作(这三站海拔为 2 700～2 900 m)温差均高达 7℃～8℃；而同纬度高原边缘的测站，如和田、若羌、量州、武都，平均温差只有 2℃左右。假如 08 时高原上与外围温度相等，则 20 时由于辐射增温，它将高于高原外围 5℃～6℃。因此，夏季 20 时高原边缘等温线显得特别密集，从而给人一种好像有锋面存在的错误印象，例如，在南疆盆地与柴达木盆地间像有冷锋存在，这种影响直到 500 hPa 还存在，如 7 月份拉萨 500 hPa20 时与 08 时平均温度相差 4.2℃，而东部同纬度的重庆仅 1.0℃。故夏季在高原南部500 hPa常有暖中心存在，使藏南高原等温线较密集。另外，冬季在高原外围的一些盆地中(尤其是四川盆地)，由于高空处于孟加拉湾地形槽前，常有暖平流，同时底层冷空气顺高原东缘南下，在盆地中积储，因此在高原的平均高度附近(700～600 hPa)常有逆温存在。而在特定的形势下，南疆盆地也可出现。这种逆温层呈准水平状态，但当高空有小槽移过它的上空时，常使它产生波动。因此，如果700 hPa等压面上有一站位于逆温层的底部，而相邻的另一站位于逆温层的顶部，结果两站之间温差甚大，好似锋面推动一样，但在地面和500 hPa温度场上均没有什么表现。所以，在分析 700 hPa 高原附近的等温线时，要根据连续性与合理的原则，对这些温度记录加以订正。如冬季受辐射逆温影响时，应用平均或取逆温层顶按层结曲线下延至 700 hPa 的温度以代替原来的温度进行分析才比较合理。

二、高原上 500 hPa 图的分析

高原上 500 hPa 图上的测风记录，除了个别站外，一般是具有代表性的。所以，在分析时都必须认真地加以考虑，尤其是在夏半年多雨季节时，高原上经常有些浅弱的小槽、小脊或闭合系统不断地在活动。如果我们仍按 40 gpm 的间距来分析等高线，势必要把小系统漏掉。所以为了使分析准确，以利预报起见，我们必须以 20 gpm 为间隔来分析等高线。等温线的分析有时也采用 2℃为间距，只有个别站的记录有地方性的影响。如帕里位于高原南端，在它的西北和东南两面都是海拔 7 000 m 以上的高山(珠穆朗玛峰与大吉岭)，500 hPa 上所测得的风有时受其影响；如在南风特别强烈时，就应该考虑地形的作用，不要仅根据一个站的记录把高空槽画得太深。又例如班戈站和申扎站，因为海拔在 4 700 m 左右，500 hPa 上的测风记录就有地方性影响。天气系统弱时，08 时测风报告经常为西北风，20 时转为西南风，对于这种情形不要误认为有高空槽逼近。是否有槽接近，需要把 400 hPa、300 hPa 等其他层次及 500 hPa 本层次的历史演变结合起来，作出综合判断。又如高原西南部的葛尔站的西边和南边有 7 000 m 以上的山峰，因而盛行西南风。当 500 hPa 槽过后，往往仍吹西南风，所以必须看高层是否转为西北风，若风向已转西北，则表明槽已过境。

三、400 hPa 图的分析

400 hPa 等压面是分析高原天气的重要层次。原因主要有三个方面：首先，因高原平

均高度在 4 000 米以上，所以一般来说，500 hPa 还在摩擦层的上部，只有到 400 hPa 以上才能代表自由大气。其次，400 hPa 一般是高原上相对温度最大的层次。400 hPa 附近的水汽(及水汽输送)条件常常对降水过程有很大影响。因此，$(T-T_d)_{400}$ 通常是高原上降水预报的有效指标之一。最后，400 hPa 也是高原上平均对流最强的层次，所以在高原上空 400 hPa 附近$\partial\theta_{se}/\partial z=0$。

因此，400 hPa 在预报中很有用。不过根据高原气象台站工作人员的经验，400 hPa 所表示的较小尺度以及浅薄的天气系统没有 500 hPa 图和地面图上清楚。

§11.2　低纬热带地区的天气分析

11.2.1　热带天气分析概论

一、热带天气及其分析方法的特点

热带地区的天气及其分析的方法与中纬度地区的大气及分析方法有显著的差别。

首先，热带地区气象要素分布较为均匀，气压、高度、温度、温度的水平梯度比中纬度地区要小得多。其次，在低纬热带地区不一定能用在中纬地区适用的简化风压关系(如地转风近似)。再其次，在热带地区，除了较强的热带气旋外，气压(高度)场和天气分布的关系常常不明显。而在中纬度地区，气压(高度)场以及锋面模式常常可以用来解释对流层下部大多数天气尺度的扰动，并以气压(高度)场分析作为天气预报基本依据。此外，热带风暴的发展与正压不稳定性(风的水平切变)、斜压不稳定性(风的垂直切变)以及第二类条件性不稳定的关系很大。而中纬度的温带气旋的发生、发展则常是由与强的温度水平梯度相关联的斜压不稳定性造成的。最后，在热带，日变化小、地形作用以及积云对流的作用比中纬度地区显得更为重要。尽管这些作用在中纬地区也存在，但它们通常都为天气尺度系统的影响所掩盖。然而在低纬热带地区，大多数天气尺度系统很弱而且不易确定，因而小尺度的影响在日常的天气分析和短期预报中就显得更为重要。

热带天气分析方法早在 20 世纪 50 年代就由帕尔默(C. E. Palmer)和锐尔(H. Riehl)等提出。近代的改进除了增加常规观测(特别是高空观测)记录及飞机报告等资料的数量和质量外，还增加气象卫星资料。卫星资料弥补了很多低纬地区(特别是洋面)资料的不足，并使地面上云的观测代表性差的缺点得到改进，因而大大推动热带天气分析的开展。一般来说，在作低纬天气分析要比作中纬度天气分析更依靠于卫星资料。因此，热带分析工作者需要有识别和应用气象卫星资料的较多知识。但限于篇幅，有关气象卫星资料分析、应用的知识，不能在此作详细介绍。本节除了介绍热带天气分析方法中的一般问题(如资料的代表性及资料的鉴定；低纬天气图分析的次数和天气图的比例尺等)外，将着重介绍流线和等风速线的分析方法。

二、热带天气分析的资料

1. 资料的来源及资料的鉴定

低纬地区天气分析的资料主要来自于常规台站网(高空、地面、船舶站)的观测，以及

借飞机、天气侦察飞机、定高气球、雷达、卫星等工具所获得的探测报告。

除由上述各项所得原始记录外，各气象中心还发布大量已经加工或分析过的有用的资料成果。例如，网格点上的高空风、温度、高度的分析和预报值；地面分析和预报电码；由卫星资料分析中心发布的云分析电码；由卫星资料制订出的热带气旋的位置和强度；由卫星云图推算的热带风资料；海面温度、海浪高度和移动方向等海洋分析资料等。由于资料种类繁多，地方台站可以根据需要选用。

在使用热带分析资料时要特别注意：由于在低纬地区观测站网密度不够、通信缺乏保障，以及局地作用（包括辐射加热和冷却，周围的地形、热对流等等）对观测影响较大等原因，使得观测资料往往缺乏代表性，因此在低纬地区比中高纬地区更要注意资料鉴定的问题。可以说，资料鉴定是低纬天气分析过程中不可缺少的一项工作，并且是和分析同时进行的。鉴定的方法和中高纬度天气分析中对资料的鉴定方法基本相同，这就是：① 本站的观测报告与四周站的报告相比较；② 将该站上、下层的观测报告进行比较；③ 把本站现在和过去的观测报告进行比较。简单地说，就是将水平地、垂直地以及历史连贯性地对观测报告加以比较。这是进行资料鉴定的最简便、有效的方法。另一种方法是把观测报告和气候资料相比较，以辨别是否有严重的误差产生。这种方法对一个孤立的台站特别有用。此外，预报员还必须熟悉地形，这样才能把局地作用与天气尺度的影响区别开。借助于资料的鉴定，才能绘制出正确的气象要素及其变化的分布图。

2. 一些基本资料的代表性问题

(1) 地面气压。热带地区的地面气压报告可能没有代表性。其原因很多，主要包括局地作用（地形、热对流等）的影响，仪器误差以及海平面气压高度订正产生的误差等等。有些情况下，对于气压梯度较大的中高纬地区来说不算严重的误差，但对气压梯度很小的低纬地区来说，却成为突出的问题。基于上述原因，海平面气压分析的作用对热带天气分析，特别是纬度 20 度以内的地区的天气分析，显得非常有限。

由于在热带地区气压的半日变化比天气系统的影响产生的气压变化要大，因而 3 h 气压倾向也不像在中纬地区那样对天气系统的移动和发展有指示意义；相反地，用处很少，甚至无用。不过 24 h 气压倾向对天气系统有较大的指示性，在某些热带地区仍可应用。

(2) 地面气温及露点。地面气温受对流活动、海陆间的环流等地方性影响很大，有时可出现很大的温度水平梯度。在较高纬度的平坦地面上，温度水平梯度较大，常和锋区有关。但是在热带地区的分析中这种概念看来没有多大的实用价值。在热带大陆上，温度日变化是主要的，这种变化在水平方向上差别很大。测站高度不同，日变化也不同。这种日变化随湿度、云量、风速等的不同情况而异，一般情况下它比天气系统影响所造成的温度变化要大很多。

地面露点的代表性和地面气温的情况相同。露点日变化也很大，常常掩盖了由天气系统的影响所引起的变化。不过，在某些热带地区，露点分析还是可用的。如在热带海洋地区，露点的平均日变化比陆地测站要小得多，因此天气系统的影响就比较容易发现。例如，在副热带地区常可用露点梯度来确定锋区。在热带海洋上露点比平常要低的情况往往反映有大范围的下沉运动以及热对流将受到抑制。在某些热带地区，例如非洲的部分地区，往往可以借考虑低层的露点和风来区分湿气团和干气团。

在热带地区，24 h 变温与天气系统影响的关系配合得并不好，因而在分析中很少使用。不过，在某些情况下，24 h 露点变化倒还可以使用。例如，在冷季，当热带锋区(或切变线)进入时，露点常比温度下降得更快。因此，24 h 露点变化可用于确定锋面是否已经过本站。

(3) 地面风。热带大陆的沿海地区海陆风环流很强且有影响。内陆地区则有很大的日变化和地形影响，所以在热带大陆和有山的岛屿上地面风常常不能表示天气系统；但在远离大陆的海洋和平坦的小岛上，如果观测得当，地面风可以表示天气系统的影响。船舶地面风的报告通常最有代表性，因而在天气分析中最为有用。不过由于观测上的误差，在分析时应作相当大的平滑。

(4) 云和降水。热带陆地和岛上测站的云和降水受到局地地形影响较大，它们的日变化也大，因而它们的观测记录在一般情况下不能代表测站的周围地区。船舶及较低的岛屿的观测记录，一般说来代表性则要高些。但是，由于地面测站网间距较大，仅根据地面记录来分析云和降水区是有困难的。因此，必须充分应用卫星云图资料，配合作用。

(5) 高空温度、气压(高度)及湿度。因为探空仪观测时存在由辐射订正等方面引起的误差，所以无线电探空观测的温度、高度的均方根误差很大，使得在 20°N 以内的热带地区分析出来的等温线和等高线没有太大实用价值。同时因地转风与热成风之间的关系在低纬不好采用，所以更难分析等高线。无线电探空的湿度资料的准确度也较差。一般来说，在受到扰动影响的气象条件下，相对湿度的均方根误差在 0 ℃以上时为 10%，而在 0 ℃下时为 10%～20%。在 15°N 标准热带大气的温湿条件下，对流层下层 10%的相对湿度误差相当于 2 ℃～3 ℃的露点误差。当温度在 0 ℃以下时，绝对值为 10%～20%的相对湿度误差相当于 3 ℃～6 ℃的露点误差。

(6) 高空风。无线电探空测风记录的准确度随高度和周围风速而变化。风向的准确度一般为±5°；但是，由于通常发报和填图时风向最多准确到 10°，因此在天气分析中可以允许与所填的风向偏离±10°。在实际工作中，可取风向的准确度为±10 度，风速的准确度为±10%。但随着高度增高、风速增大(如在副热带急流区域)，风的准确度将减小下去。

三、热带天气分析的业务

1. 分析的次数

和较高纬度地区相比较，热带地区天气系统的运动比较慢，而且天气过程的发展通常也比较慢。例如，从看到初始扰动到发展成为热带风暴，通常需要几天的时间；而温带气旋的急剧加深却可以在 12～24 h 内发生。在中高纬地区做短期预报常需每隔 3～6 h 分析一张天气图，然而在热带，一般来说，12 h 分析一张天气图在业务分析和预报工作上就已足够应用。分析的时次可以选观测资料最多的时次。

2. 分析的层数

在一般情况下，热带地区表示环流及天气系统关系的最适宜的高度有两个，一个是摩擦作用很小的接近地面的高度，也就是梯度风高度，位于地面以上 1 000 m 左右；另一个是对流层上部的高度，位于 200 或 250 hPa 层。这两个高度往往也是资料最多的高度，因

此作热带分析时一般只需分析以上两个层次。

3. 分析用图的比例尺

分析用图的比例尺由多种因素决定，例如，测站网最密部分的站间距离、分析的总面积、分析用图的图面实际大小等等。如果对比例尺没有特殊要求，麦卡托投影对热带分析最为适合。比例尺最好相同，以便直接在灯光桌上描图。对区域性分析，比例可选一千万分之一；对半球或全球分析则以两千万甚至四千万分之一为宜。在热带大陆地区，地面资料比高空资料要密得多，因此地面图的比例尺要比高空图小为好。例如，前者可用五百万分之一（或一千万分之一），后者可用一千万分之一（或两千万分之一）。

11.2.2　流线和等风速线的分析

流场分析是一种有效的工具之一，尤其在低纬地区常以流线分析来代替气压场分析。由于在低纬地区存在地转偏向力很小，地转关系不适用；等压面坡度小，等高线稀疏，难以勾画出明显的天气系统；测站稀疏，气压日变化大等困难，故在低纬地区常分析流线。实测风场通常是用流线和等风速线图来实现的。

一、流线和等风速线的概念

风是矢量，包括方向和速度。要完整地表示风场，就要分析两种线：流线和等风速线。流线是处处和风矢量相切的线，而等风速线则是风速相同各点的连线。如果流线和等风速线非常密集，那么在图上任何一点的风向就可由流线图确定，而它的风速则可从等风速线求得。

在流线图上（图 11－7），流线是一组带有箭头（表示气流方向）的黑色曲线表示的，在流线上各点走向都与该点的实测风风向一致（图 11－8(a)）。流线图代表某一时刻气流运动趋势的总图。绘制流线图时，首先要注意：流线除能起止于图的边缘外，也能起止于风向有急剧变化的地方（图 11－8(b)）。其次，流线不能交叉，因为在交叉点上有两个切线方向，但风向只有一个。但流线可以分支，因为在分支点上只有一个公切线方向，仍表示只有一个风向（图 11－8(c)）。再其次，流线的疏密程度可视风速大小而定。风速大，流线应画得密些，风速小，流线应画得稀些。最后，流线是反映空气的真实运动情况的，因此应该充分考虑每个风向记录，除确实有错误的记录外，不能随意舍掉。

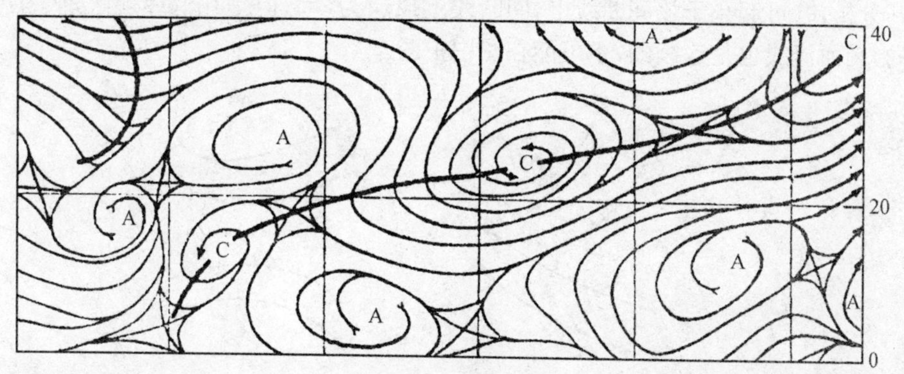

图 11－7　流线图

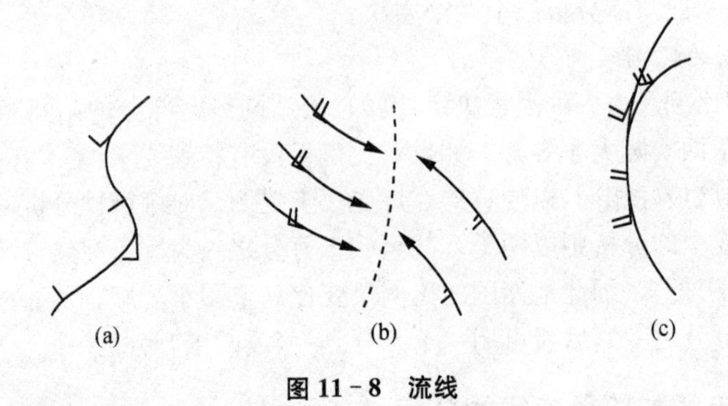

图 11－8　流线

二、流场的基本形式

流线图上一般有三种基本的流场形式。

1. 相对均匀的流线

图 11－9 即在相对宽广的范围内，由一束束近于平行且略有弯曲的流线组成的气流，流线表现为近乎平行或微微弯曲的形式。有时，在相对均匀的流线中，常会出现风速的大值区。

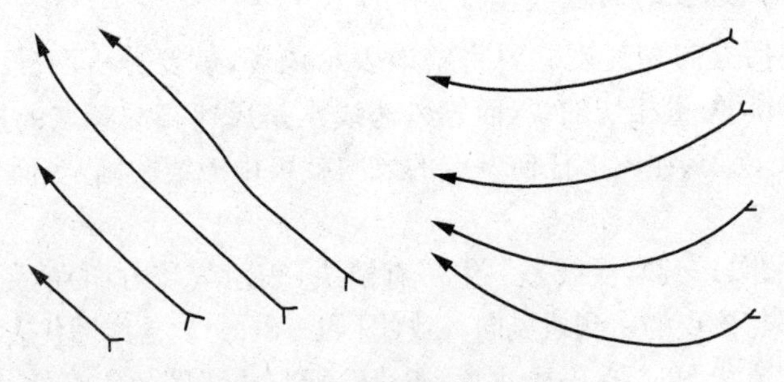

图 11－9　相对均匀的流线

2. 奇异线

在风向不连续的地区，通常出现两种奇异线。

(1) 间断线。间断线是指风向不连续的线(图 11－8(b)和图 11－10)。当中高纬度存在锋面或切变线等天气系统时可分析间断线。在间断线两侧风向完全不一样，流线应该分开分析，并可起止于该间断线上，间断线上风速为零。但是在低纬地区，认为风场是连续的，因而流线也是连续的，不可能在图中中断。

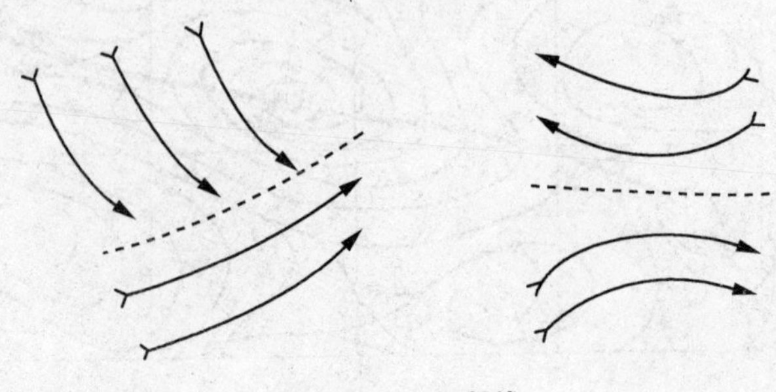

图 11－10　间断线

(2) 渐近线。渐近线是指流线分支或汇合的线,相当于数学中的渐近线。当流线离开渐近线时,如果附近的流线是辐散的,就称为正渐近线或离散渐近线;当流线趋近于渐近线时,如果附近的流线是辐合的,就称为负渐近线或汇合渐近线。从理论上说,附近的流线是永不会接触到渐近线的。但在实际上,由于天气图的比例小,一般把渐近线画成一条流线,附近的流线都从它开始分支,或向它汇合。在分支点上或汇合点上几条流线有公共的切线(图 11-8(c)及图 11-11)。渐近线也就是流场上的辐散线和辐合线,一般伴有质量在水平方向的辐散和辐合,因而它和间断线一样与天气有密切的关联。

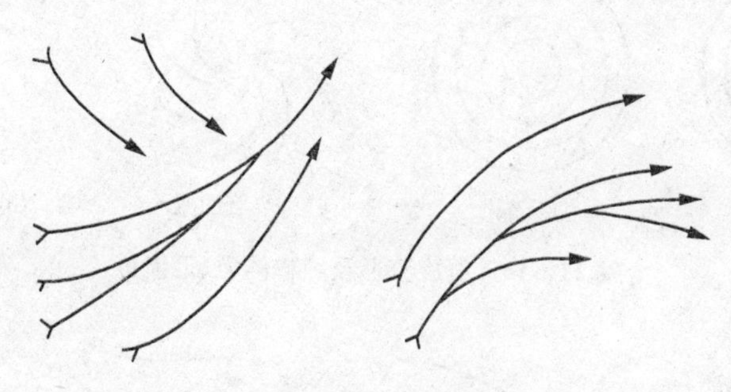

图 11-11　渐近线

3. 奇异点

奇异点,即流场中的静风点,此点上风速为零,没有风向(或可认为有任意多个方向),称为奇异点。在实际流线分析中有三种奇异点:尖点、涡旋(汇、源)、中性点。

(1) 尖点。它是波和涡旋(如槽和气旋,脊和反气旋)之间发展的过渡形式(图 11-12),其生命史很短,实际工作中常因资料不足而难以分析。图 11-12 表示在东西向气流中的气旋性和反气旋性的尖点。

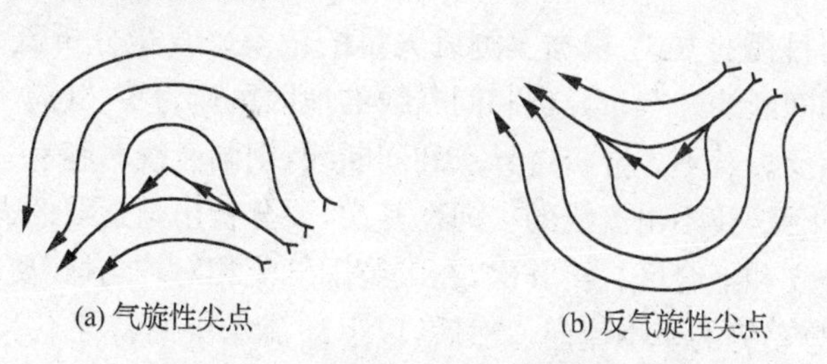

(a) 气旋性尖点　　(b) 反气旋性尖点

图 11-12　气旋性尖点和反气旋性尖点

(2) 涡旋。涡旋的流形有多种形式:流入气流、流出气流、气旋式气流、反气旋式气流。实际出现的涡旋一般都是前两种气流之一与后两种气流之一的各种组合。在北半球的天气尺度的流场中,主要有两种涡旋:辐合型气旋式涡旋和辐散型反气旋式涡旋。这种具有辐合点(汇)或辐散点(源)的流场也叫作单汇辐合流场和单源辐散流场。图 11-13 表示在流线分析中可能出现的六种基本涡旋流形和两种纯粹的源、汇流形,最后两种流形在天气尺度的风场中是罕见的。

(3) 中性点。中性点,即两条气流汇合渐近线与两条气流散开渐近线的交点,相当于气压场中的鞍形场形势。实际分析时,在两个气旋式涡旋之间(或槽与气旋之间),或两个反气旋式之间(或脊与反气旋之间)都会出现中性点(图 11-14)。

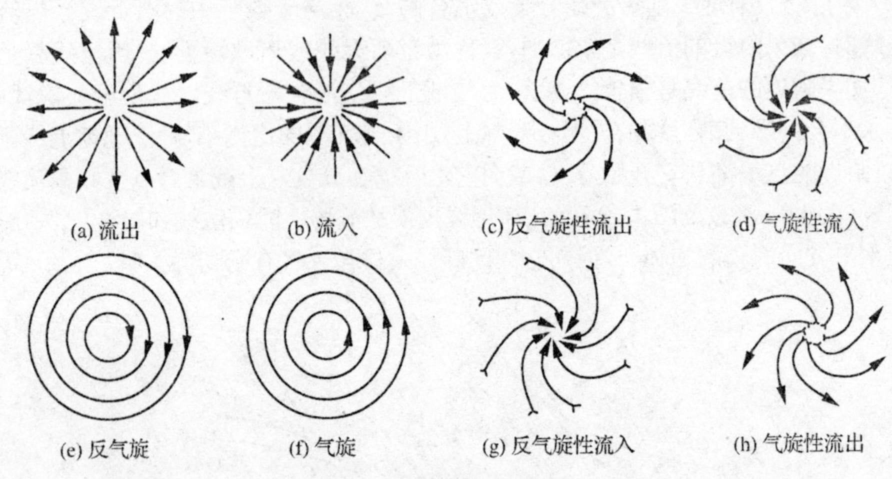

图 11－13　涡旋流形及纯粹的源、汇流形

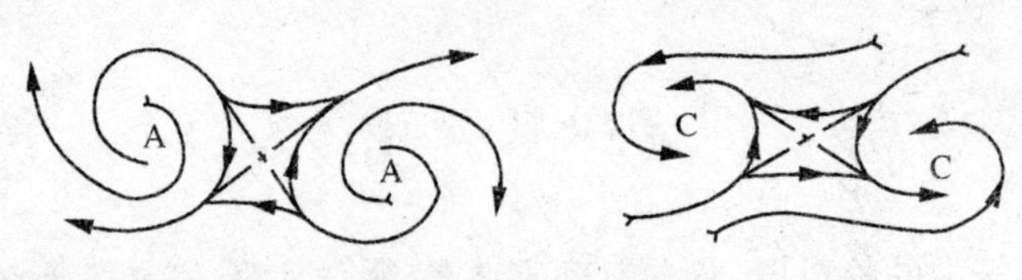

图 11－14　中性点

三、流线的分析方法

流线的分析有直接法和等风向线法。

1. 直接法

直接法就是用目视的方式,根据实测风矢量的记录来直接分析流线的方法。分析时先要确定奇异点和间断线。有奇异点和间断线的地区风速为零,其周围为风速小值区,而且两侧风向常常相反。若不先分析奇异点和间断线,则画流线时容易一笔带过,使流线与风矢相反,或停留于此,找不出流线的去向。其次,要分析出渐近线的大致所在位置,表示流场总趋势中的分支和汇合区。再其次,在大范围气流相对均匀区,要分析一条流线作为基准线,表示流场总趋势的基本流向。然后,以上述流场中的特征点和特征线为基础,根据各站实测风矢量,用目视法内插流线。直接法虽然不易做到精确,但方法十分简便,因此便于在实际工作中应用。

2. 等风向线法

借对等风向线的分析可以比较客观、精确地分析出流线。这种方法的步骤是,首先,分析等风向线,每隔 30°绘制一条。然后在每条等风向线上间隔适当距离画一条短线,这些短线的取向与等风向线的风向相同。这就相当于在空间内插增加许多测风记录。最后根据实测风记录以及用等风向线方法内插得来的风向绘制流线,这样就得到比较精确的流线。

分析等风向线时，把风向看作水平空间的连续函数，因此可按标量内插法分析等风向线。但是在奇异点(线)处是例外，在这些点(线)处风向是不连续的(静风区)。在这种情况下分析等风向线，首先要找出奇异点(线)和中性点，确定零风速区。在它们的周围首先分析出 90°、180°、270°和 360°四个基本方向的等风向线，然后再每隔 30°用内插法增加和分析其他等风向线。在不同情况下，从零风速区向外引出的等风向线形式也不同。图 11－15给出在气旋式及反气旋式的涡旋中心、两高或两低之间的中性点以及高、低(压)之间等五种流场形式下等风向线的分析方法。

地面上因有摩擦等作用，风向变化较大，甚至没有代表性。因此，一般很少在地面图上分析流线。不过有时在地形较为平坦的地区也作地面流线分析。

图 11－16～图 11－18 是流线分析的实例。其中，图 11－16 是实测风资料；图11－17是根据图 11－16 的实测风资料绘出的等风向线图；图 11－18 是根据图 11－17 中的等风向线绘制的流线和等风速线(虚线)图。

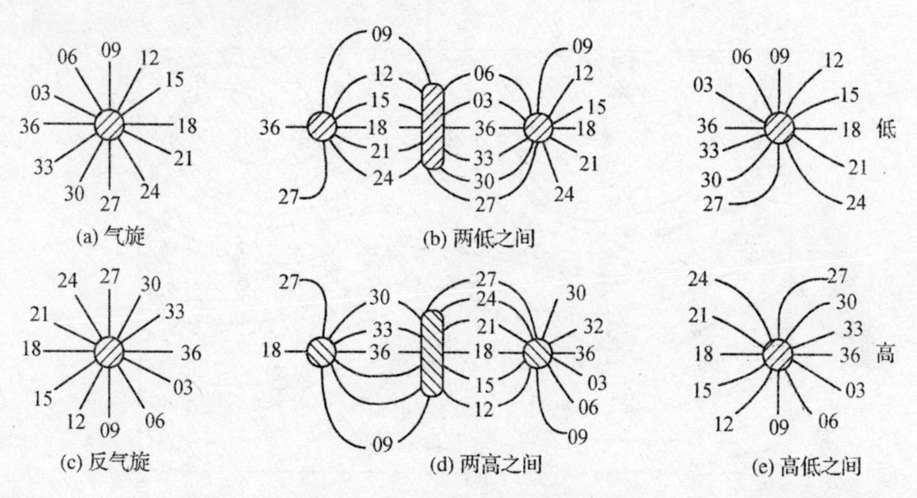

图 11－15 各种形式流场下的等风向线(数字表示风向度数，单位为 10°，阴影区为零风速区)

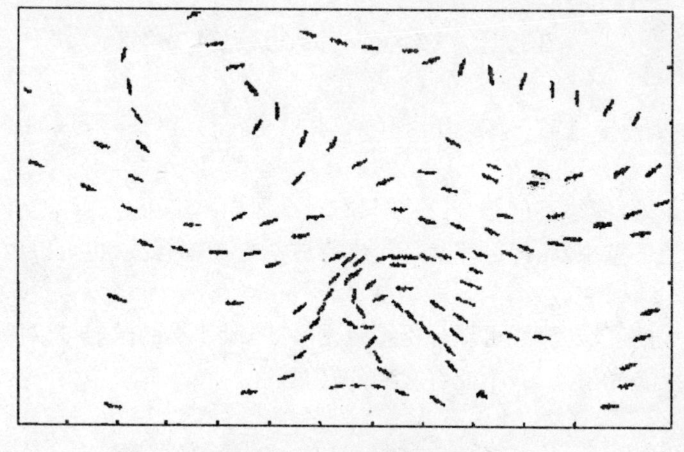

图 11－16 实测风资料

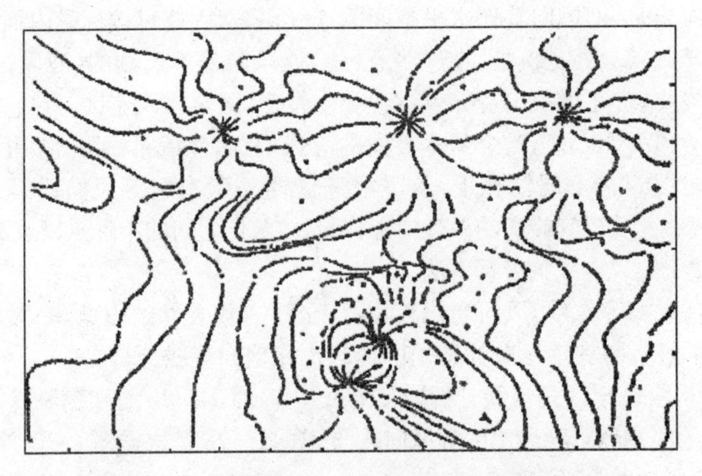

图 11－17　根据图 11－16 资料绘制的等风向线图

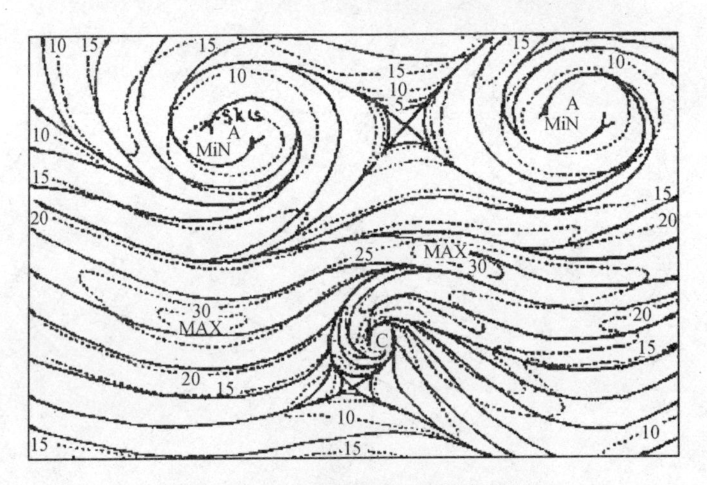

图 11－18　流线和等风速线(虚线)图

§11.3　流线分析的注意事项

(1) 流线方向应与风向一致,但若有个别的测站记录与一般风向不一致,可不予考虑。

(2) 除奇异点外,流线不能相交(一点只有一个风向),但可分支与汇合。

(3) 流线不能任意中断,但可流入环流中心或汇合于辐合线,也可以由环流中心流出或由辐散线流出。

(4) 在风速大的区域,流线可以分析得较密一些,风速小的区域可以稀疏一些。

(5) 一般流线要光滑均匀,不能有突然的转弯。

实习十一　流线分析

一、目的和要求

(1) 初步学会流线分析方法。

(2) 了解风场的基本流形。

二、资料及分析内容

(1) 资料:1981 年 9 月 1 日 08 时 850 hPa 亚欧天气图。

(2) 分析内容:分析流线。

实验十二

雷雨、冰雹天气过程个例分析

§12.1 对流性天气过程的成因分析及天气预报

雷暴、冰雹、飑线、龙卷等由大气中旺盛对流所产生的严重灾害性天气统称为对流性天气。气块垂直运动方程：

$$\frac{\mathrm{d}W}{\mathrm{d}t}=g\,\frac{\Delta T}{T} \tag{12-1}$$

式中，ΔT 为气块与环境温度差；T 为环境温度；W 为气块垂直速度。

由式(12-1)可知，对流运动是由浮力作用造成的。将式(12-1)等号两边分别对高度积分，可得

$$\Delta\left(\frac{W^2}{2}\right)=-\int_{P_0}^{P}R\Delta T\mathrm{dln}P \tag{12-2}$$

式(12-2)左边为气块动能增量，其右边为静力不稳定能量。式(12-2)说明，对流垂直运动动能是由静力不稳定能量释放转化而来的。因此，对流性天气的形成需要三个基本条件，即大气不稳定能量、抬升力和水汽。

抬升力的作用是使潜在的大气不稳定能量释放出来。抬升力可来自天气尺度系统(如锋面、气旋、低涡、切变线等)的上升运动，也可来自中尺度系统(如中尺度切变线、辐合线、中低压等)的强上升运动或由地形抬升作用(迎风坡抬升、背风坡的波动等)和局地加热不均(海岸、湖岸与海洋、湖泊加热不同)等造成的上升运动。

不稳定能量的分析，可以通过求 $T-\ln P$ 图上的不稳定能量面积或计算各种稳定度指标(如沙氏指数 SI、简化沙氏指数 SSI、抬升指标 LI、最有利抬升指标 BLI、气团指标 K、总指数 TT 等等)来表示。

根据下列方程：

$$\frac{\partial}{\partial t}\left(\frac{\partial\theta_{se}}{\partial p}\right)=\frac{\partial}{\partial p}(-\boldsymbol{v}\cdot\nabla_h\theta_{se})-\frac{\partial\omega}{\partial p}\cdot\frac{\partial\theta_{se}}{\partial p}-\omega\,\frac{\partial^2\theta_{se}}{\partial p^2} \tag{12-3}$$

可知，θ_{se}(假相当位温)平流随高度的变化，是造成大气不稳定度随时间变化的重要原因之一。因此，可以通过分析上下两层等压面上的 θ_{se} 平流(或温度平流)预报未来大气稳定度的变化，也可以用高空风分析图预报大气稳定度随时间的变化。

$T-\ln P$ 图在预报对流天气方面是一个很有用的工具。下面一些经验可以应用于预报实践：

(1) $T-\ln P$ 图上有正不稳定能量面积，且对流上限(平衡高度或经验云顶)的温度低于-20℃，如若发生对流，便有雷暴发生的可能，否则可能为一般阵雨天气。

(2) 若对流凝结高度以上有较大不稳定能量面积，且预报当天下午最高气温 T_M可能超过对流温度 T_g，即 $T_M>T_g$，则可预报有热雷暴(气团雷暴)发生的可能。

(3) 设 0℃层上的气块湿绝热下降至地面时温度为 T_c，若 T_g 与 T_c 温差较大，则当雷暴发生时有发生大风的可能，大风的风力可用经验公式

$$v \approx 2 \times (T_g - T_c)(\text{m/s}) \tag{12-4}$$

来估计。

(4) 通过计算可能的最大上升速度 W_M，可以用式(12-5)来估计可能形成的最大雹块半径 R_M的大小

$$R_M \approx \frac{W_M^2}{\beta^2} \tag{12-5}$$

(5) 可以通过计算 SWEAT 指标的量值来估计发生龙卷的可能性。根据美国的情况，当 SWEAT 值大于 400 时，便有发生龙卷的可能。

能量天气分析方法也广泛应用于强对流性天气分析预报。在分析时可用单站能量廓线图，也可用能量天气图(注意能量锋和高能舌，以及 Ω 能量系统等)。一般来说，下午或夜间发生的强对流性天气在当天 08 时的各种能量图表上就能看出征兆。

§12.2 强对流性天气过程的环流背景

强对流性天气的发生一般需要有很大的不稳定能量和很强的抬升力，这些条件常常是在一些特殊环流形势下得到酝酿和提供的。例如逆温层(稳定层)下，前倾槽附近、高低空急流交叉点附近，高空冷涡、阶梯槽形势以及中小尺度系统都非常有利于不稳定能量的积累和增强以及产生强上升运动，因而十分有利于强对流的发生。

关于强对流性天气的有利环流背景，各地气象台都有很多经验总结。以华北地区为例，该地区的强对流性天气(如冰雹)多发生在东亚为经向型环流的条件下。尽管每次雹暴过程的高空和地面系统不同，但 500 hPa 环流形势却有下述共同特征：

(1) 东亚东部高度为负距平，西部为正距平，负距平中心在 35°N～50°N、110°E～125°E范围内。

(2) 副高位置偏南或处于由强变弱逐渐南退过程。

(3) 西风带从新疆北部到蒙古西部有一支强西北气流(300 hPa 常达到急流强度)直达黄淮上空，同时从蒙古东部及华北西北部上空的低值区有正涡度平流向华北南部输送。

在这种环流形势下，贝加尔湖及蒙古一带的冷空气向华北输送，使高空温度下降；同

时冷空气的下沉作用又促使云层消散，有利于低层辐射增温。这种高层降温与低层增温同时出现的机制，引起大气层结稳定度的急速下降，导致华北一带出现大范围的对流不稳定区，从而为强对流性天气的发生、发展创造了条件。在暖季，上述形势建立 24～48 h 之后，华北上空的大气层结就能达到足以造成强对流性天气的不稳定程度。若是在一次西风槽降水过程后建立上述形势，则更有利于强对流性天气发生。

造成华北强对流性天气的影响系统，在 500 hPa 天气图上，主要是华北冷涡、横槽、阶梯槽、低槽、西北气流等，极少数为暖切变线北抬，但造成大范围阵雹系统主要是华北冷涡与横槽。产生强对流性天气的基本形势则主要有冷涡型、横槽型、涡前低槽型、阶梯槽型及西北气流型五种。

一、冷涡型

造成华北降雹的冷涡，大多数从贝加尔湖经蒙古东部向东南方向移动，少数从河套向偏东方向移动。当日 08 时冷涡中心位于 37°N～46°N、114°E～125°E 区内时，当日午后到傍晚华北就可能出现冰雹等强对流性天气。

对冷涡强对流性天气的预报，关键是正确预报出冷涡的路径和进入关键区(图 12 - 1 中虚线框内地区)的时间。冷涡南下常有两种形势：

(1) 我国新疆到贝加尔湖以西为一发展的高压脊，雅库茨克附近有一阻高，当乌拉尔山附近有低槽快速东移时，由于槽前暖平流加强，促使新疆高压脊迅速向北发展与雅库茨克高压连接，脊前贝加尔湖东部上空东北气流大为加强，从而迫使蒙古东部的冷涡折向东南方向移动(图 12 - 1)。

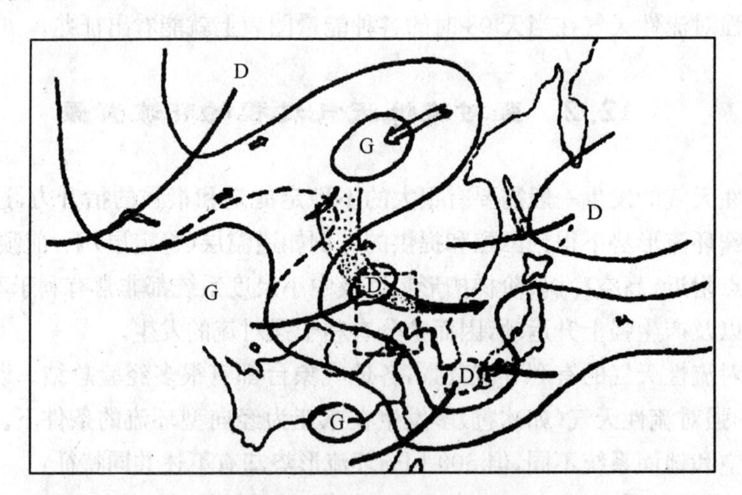

图 12 - 1 高空冷涡南下形势之一

(图中虚线框为冷涡降雹关键区，黑色箭矢为冷涡移动路径)

(2) 我国西部到贝加尔湖的高压脊强而稳定，贝加尔湖以东到我国华北上空的低槽内有南北两个低涡中心，相邻两低涡在移动中发生逆时针互旋运动时，北面一个冷涡也会向南移动进入关键区，并造成强对流性天气(图 12 - 2)。

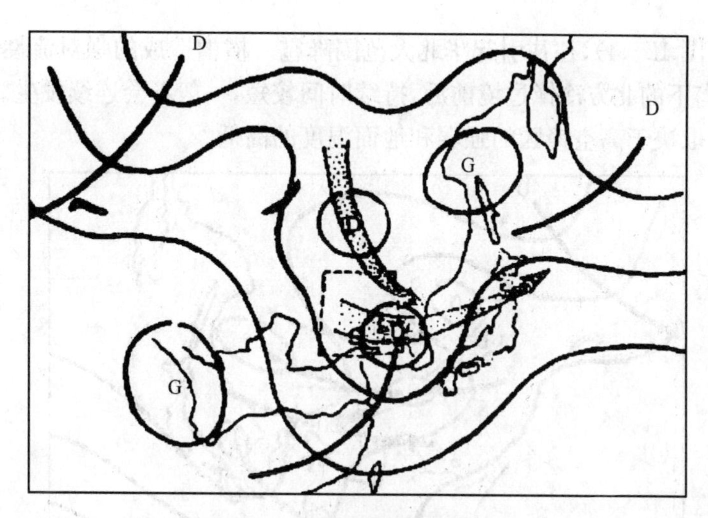

图 12-2　高空冷涡南下形势之二

高空冷涡造成的强对流性天气，一般发生在午后到傍晚，多出现在冷涡中心东南方3～6个纬距、$T_{850}-T_{500}>24$℃的区域内。冷涡属深厚系统，移动较慢，且涡区不断有小槽活动，在大气层结不稳定时，每次小槽活动都可能引起强对流发生。因此，冷涡从进入到移出关键区期间，华北可连续数日出现短时雷雨、冰雹天气，并可能一天两次或三次降雹。1964年6月12日～14日山东连续出现大范围降雹即为典型一例(图12-3)。

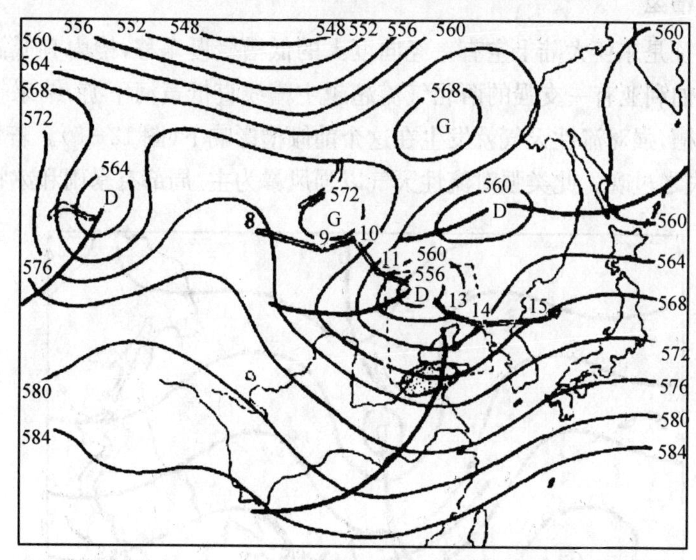

图 12-3　1964年6月12日08时500 hPa形势及冷涡移动路径

(图中圆圈为08时冷涡中心位置，上方数字为日期，阴影区为12日下午雷雨、冰雹区)

二、横槽型

横槽造成的强对流性天气，多数发生在蒙古高压脊前偏北气流中快速南下的小横槽影响下。当高空横槽内正涡度明显加大出现低涡，或有低涡并入横槽，构成横槽与冷涡相结合的形势时(图 12－4),往往引起华北大范围降雹。横槽造成的强对流性天气,主要发生在配合横槽南下的北方冷锋过境前后,持续时间较短,一般不会连续发生。横槽强对流性天气的强弱,取决于高空锋区的强弱和地面温度的高低。

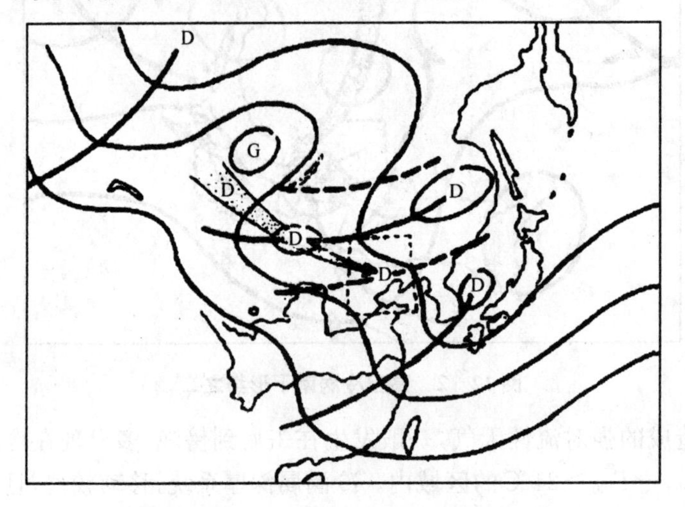

图 12－4　冷涡与横槽结合降雹图

(图中粗断线为前 24 h 及后 24 h 的槽线位置)

三、涡前低槽型

此型主要特征是东亚大陆上空有一经向度大的低槽缓慢东移,槽内有低涡中心在蒙古一带。槽后从西伯利亚有一支强的西北气流超越主槽线直抵黄河下游,结果在低涡的东南方形成一个前倾槽,强对流性天气就发生在这个前倾槽影响下(图 12－5)。若根据主槽或冷涡预报,则往往失之过晚。此类强对流性天气以强风暴为主,局部有暴雨和冰雹出现。

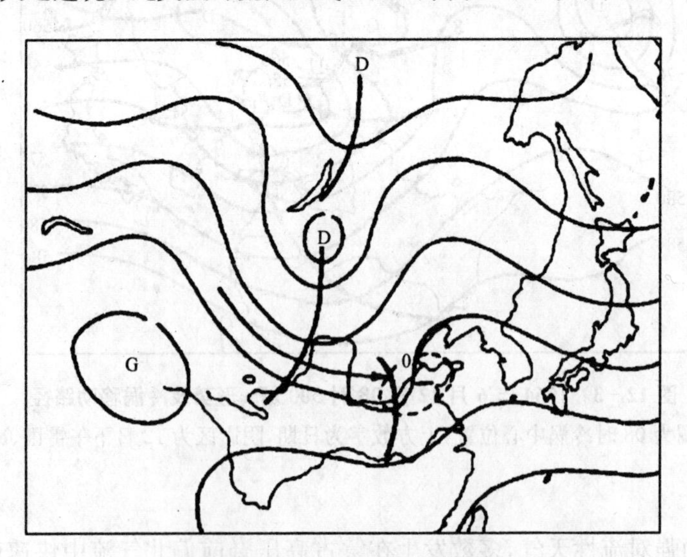

图 12－5　涡前低槽降雹形势

(图中虚线为沙氏指数负值区)

四、阶梯槽型

此型指在亚洲东部中纬度地区上空的长波槽里接连出现两个或多个短波槽，且后一个槽在前一个槽的西北部，其波长不超过 1 000 km，移速很快，通常第一个槽过后相隔24 h左右，第二个槽过境，阶梯槽引起的强对流性天气，主要发生在第二个槽的前部，这正好与涡前槽的情况相反(图 12-6)。当第一个低槽过后，建立了西北气流，有利于高层降温和低层辐射增温，加剧了层结不稳定性；当第二个低槽逼近时，便可暴发大范围强对流性天气。

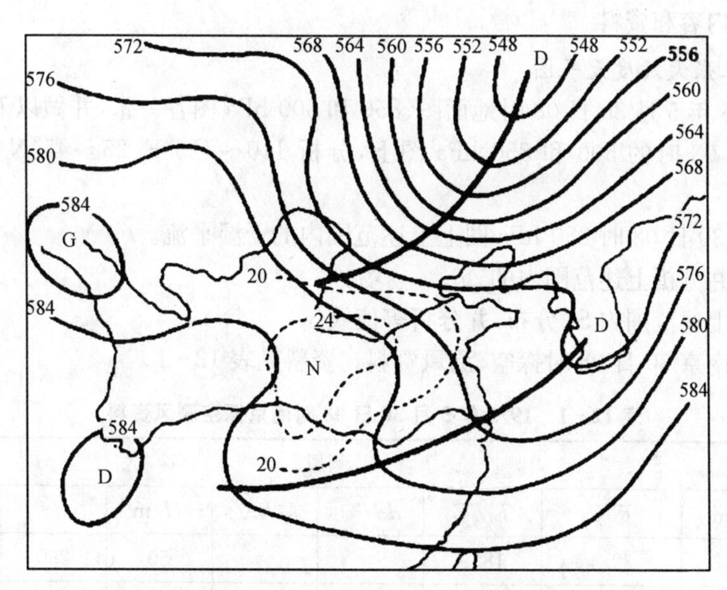

图 12-6　1974 年 6 月 17 日 08 时 500 hPa 阶梯槽形势

(图中虚线为同时间 850 hPa 等温线)

五、西北气流型

此型出现大范围强对流性天气的机率较小，多为局部降雹，主要出现于山东半岛及鲁中山区。其形势特征为：东亚沿海有一深而稳定的长波槽，山东处于槽后西北气流中。当西北气流中的小股冷空气南下时，若对流层中层有明显的垂直风切变、近地面层有明显增温区，则午后至傍晚，在地面辐合区或有地形抬升作用的地区，就可能出现局部强对流性天气。

归纳强对流性天气过程模式的目的，在于预报员对发生强对流性天气的环流形势有一个清晰的概念，以便在日常预报中能及时发现强对流性天气的征兆并引起警惕。但能否出现强对流性天气，则需进一步对强对流性天气发生、发展的条件作细致分析。例如，还需分析各种稳定度指标的分布图及中小尺度天气图等等，然后进行综合判断才能作出决定。

实习十二　雷雨、冰雹天气过程个例分析

一、目的和要求

通过雷雨、冰雹天气过程的个例分析，了解对流性天气过程的主要预报着眼点在于分析大气的稳定度以及分析水汽条件和启动条件。掌握中尺度分析方法，了解对流性天气发生、发展的过程及其伴随的中尺度系统的特征。

二、实习内容和资料

1. 分析三张大尺度天气图

分析 1975 年 5 月 30 日 08 时地面图、850 和 500 hPa 图各一张，并做以下工作：

(1) 30 日 08 时的 500 和 850 hPa 图上，分析 110～125°E、25～45°N 范围内的等 ΔT_{24}线。

(2) 分析 30 日 08 时 850 hPa 图上上述范围内的干湿平流。

(3) 计算并分析上述范围内的 $\Delta\theta_{se500-850}$ 场。

(4) 求出上述范围内 SI 分布，并分析等值线。

(5) 分析南京 30 日 08 时探空、测风资料。资料见表 12－1。

表 12－1　1975 年 5 月 30 日 08 时南京探空测风资料

探空	测风							
P/hPa	H/m	T/℃	T_d/℃	dd/℃	ff/m/s	H/m	dd	ff/(m·s^{-1})
1 004		22.4	18.9			50	260	4
1 000	48	22.2	18.8	265	4	1 000	330	6
974		20.2	16.7			1 500	310	7
908		20.8	4.8			2 000	295	10
850	1 449	16.6	0.6	210	7	3 000	280	14
820		14.0	0.0			4 000	290	12
798		13.2	−2.8			5 500	275	17
700	3 070	4.6	−7.4	280	14	6 000	280	19
600		−6.1	−12.1			7 000	275	23
500	5 710	−15.9	−22.9	275	17	8 000	270	27
451		−19.7	−30.7			9 000	255	51
400	7 360	−25.3	−37.3	275	23	10 000	260	54
343		−31.9	−43.9			12 000	255	58
300	9 400	−38.5	−45.5	255	51	14 000	260	48

续表

探空	测风							
P/hPa	H/m	T/℃	T_d/℃	dd/℃	ff/m/s	H/m	dd	ff/(m·s^{-1})
298		−39.1	−46.1			16 000	255	26
267		−39.3	−48.3			18 000	270	16
250	10 650	−41.9	−51.9	255	52	20 000	320	8
236		−44.5	−54.5			22 000	45	5
200	12 140	−48.7	−57.7	255	58	24 000	105	3
150	14 010	−55.7	−63.7	250	48	26 000	105	6
112		−57.7				28 000	110	7
100	16 560	−59.7		235	26	最大风层		
70	18 770	−63.3		270	16	11 000	250	61
64		−61.1						
50	20 350	−62.7		320	8			
40		−57.1						
30	24 070	−56.9		305	3			
对流层顶	122 hPa	T=−59.5℃	风向	270	风速	47		
	75 hPa	T=−65.3℃	风向	200	风速	17		

表中：ρ 为气压；H 为海拔高度；T 为温度；T_d 的露点温度；dd 为风向；ff 为风速。

2. 分析中尺度天气图

中尺度天气图一套共九张：1975 年 5 月 30 日 13 时～21 时，其中有 6 张参考图，即 1975 年 5 月 30 日 13 时～16 时及 20 时～21 时(图 12 - 7～图 12 - 12)。

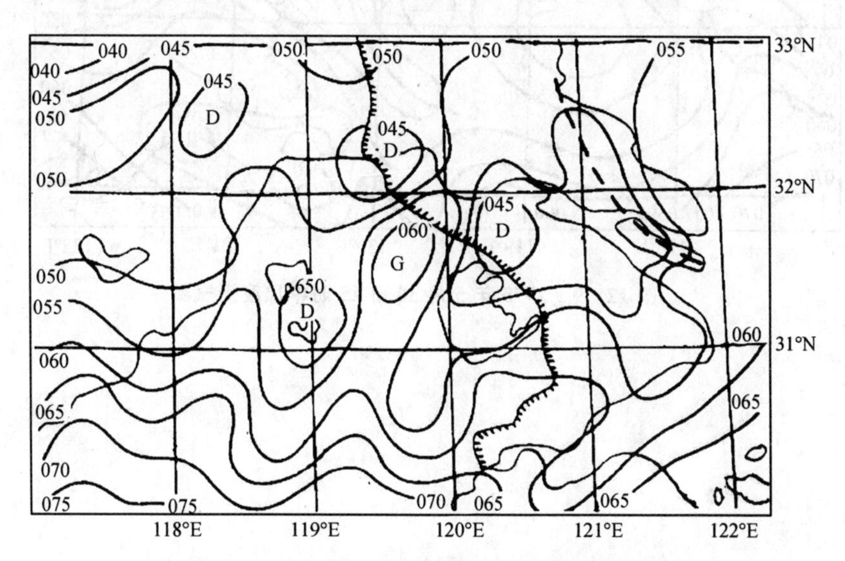

图 12 - 7　1975 年 5 月 30 日 13 时中尺度天气图

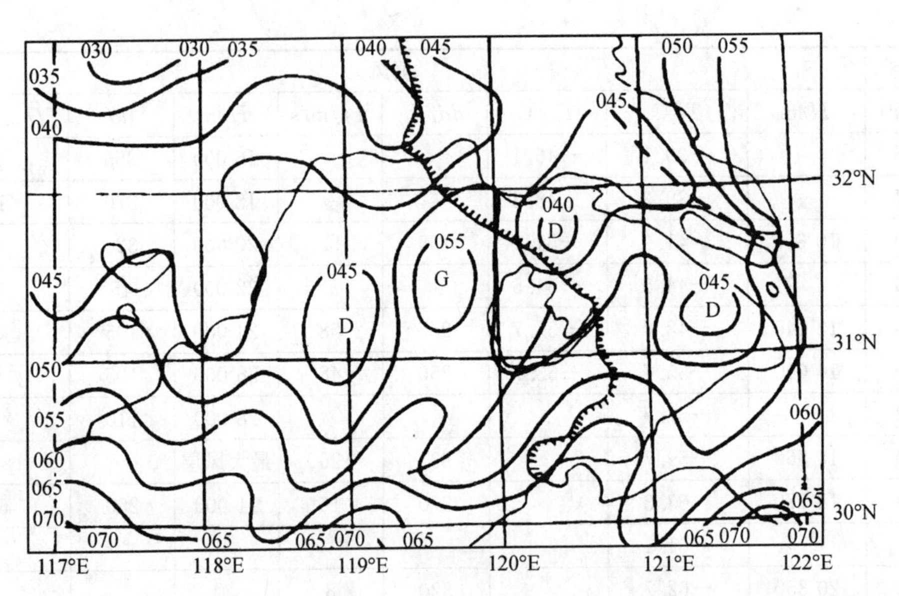

图 12－8　1975 年 5 月 30 日 14 时中尺度天气图

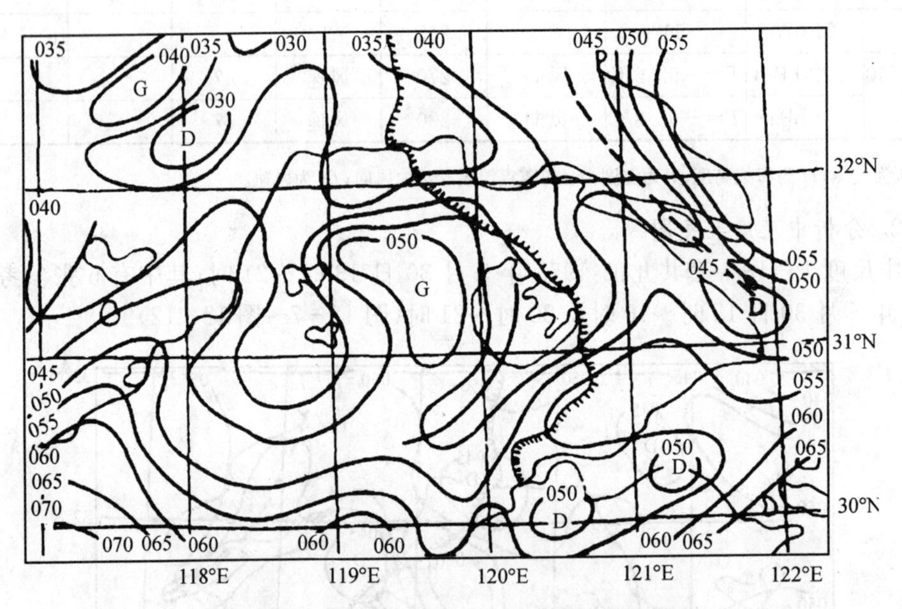

图 12－9　1975 年 5 月 30 日 15 时中尺度天气图

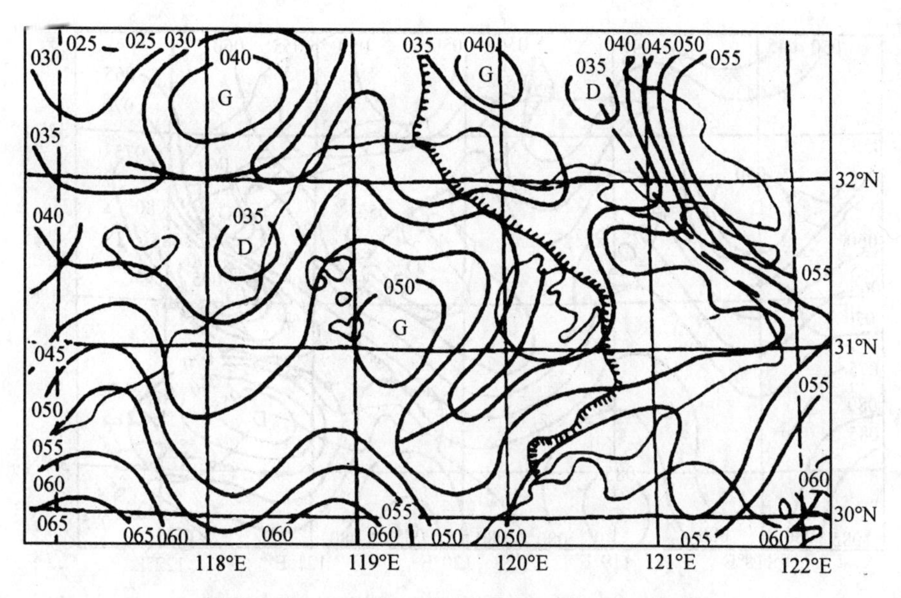

图 12-10 1975 年 5 月 30 日 16 时中尺度天气图

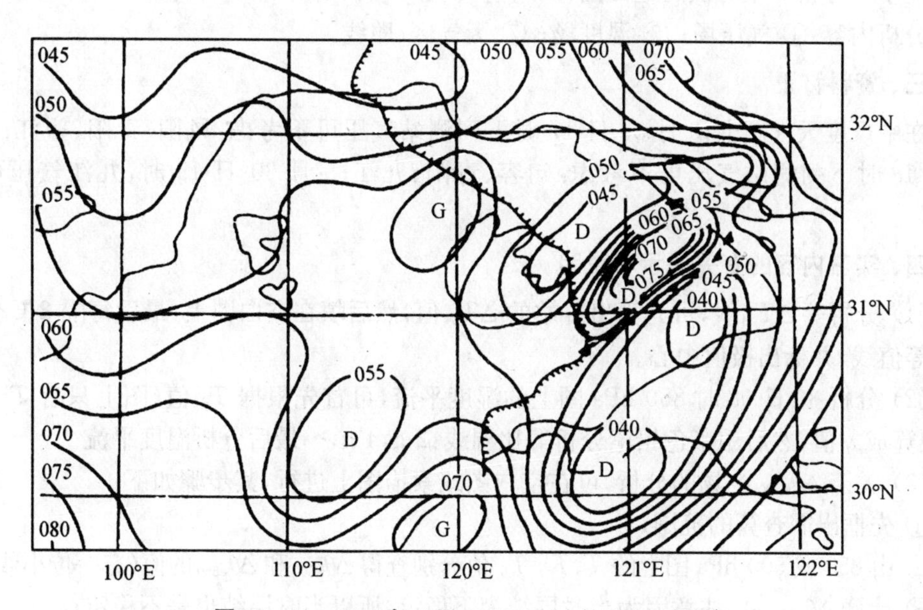

图 12-11 1975 年 5 月 30 日 20 时中尺度天气图

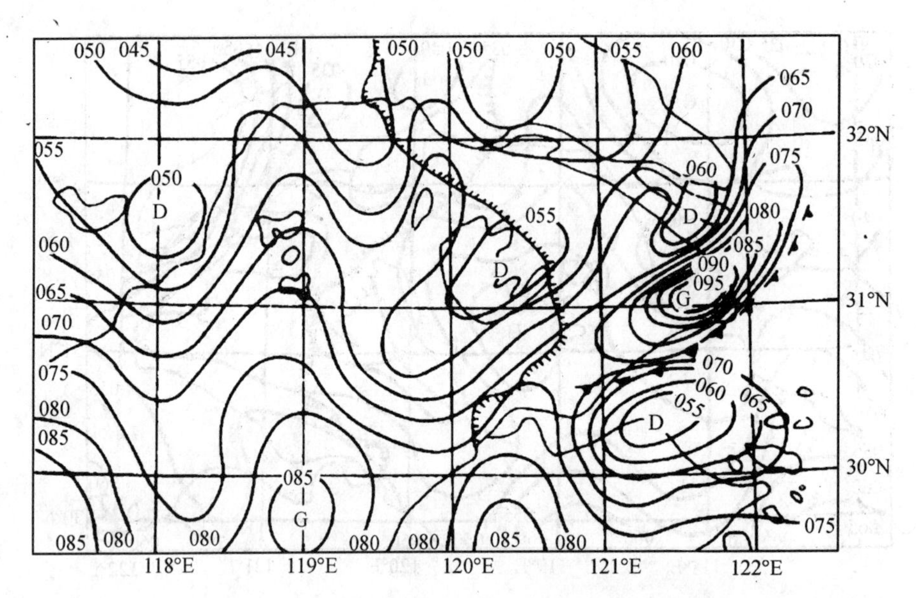

图 12－12　1975 年 5 月 30 日 21 时中尺度天气图

需手工分析 3 个时次的地面图:1975 年 5 月 30 日 17 时～19 时。

分析内容:① 气压场; ⑦ 温度场; ⑦ 天气区、飑线。

三、资料订正

在中尺度天气图上,5 月 30 日 17 时下列测站气压可不考虑:凤阳、青阳、望江;5 月 30 日 18 时下列测站气压可不考虑:句容、青阳、九江;5 月 30 日 19 时,九江气压可不考虑。

四、实习内容的有关提示和说明

(1) 分析等 ΔT_{24} 线,可先算出各站的 ΔT_{24} 值,然后填在空白图上,最后每隔 2 ℃分析一根等值线,并标出极值中心。

(2) 分析 30 日 08 时 850 hPa 图上的湿度平流,可首先根据 T_d 值(图上只有 $T-T_d$ 值)换算成 q 值,然后用紫色铅笔分析等比湿线:2 g,4 g,…最后分析温度平流。

(3) 关于 $\Delta\theta_{se500\text{-}850}$ 场的分析,可在空白图或素描图上进行,其步骤如下:

① 先框出需查算的范围;

② 由 850 或 500 hPa 图上的 T、$T-T_d$ 值分别查得 $\Delta\theta_{se500}$ 和 $\Delta\theta_{se850}$ 的值(有一位小数);

③ 计算 $\Delta\theta_{se500\text{-}850}$,注意因为当时层结为不稳定,所以当时层结也是不稳定;

④ 每隔 4 ℃分析一根等值线。

(4) SI 的求法及分析:

① $SI=T_{500}-TS_{500}$。TS_{500} 为 850 hPa 上的空气块先后依 r_d 和 r_v 上升到 500 hPa 时的温度。TS_{500} 的求法有两种,一为借助于 $T-\ln p$ 图,另一种为直接查表。

② SI 的分析,最好分析－6,－3,0,3 四根等值线,因为据统计,SI 与对流性天气有下列关系:$SI<-6$,可能有严重的雷暴;$-6<SI<-3$,可能有强雷暴;$-3<SI<0$,可能有雷暴;$0<SI<3$,可能有阵雨;$SI>3$,无雷暴或阵雨。

五、天气图分析的有关提示和说明

1. 大尺度天气图

30 日 08 时地面图上,冷锋南下迅速变性消失。在射阳、阜阳、驻马店一线残留下一条弱切变,必须分析出来。

2. 中尺度天气图

(1) 分析规定

① 气压场每隔 0.5 hPa 分析一根等压线(黑色铅笔);

② 温度场每隔 1℃分析一根等温线(红色铅笔);

③ 飑线用蓝色双线分析;

④ 天气区按大尺度天气图的规定分析。

(2) 分析原则

① 纯粹的局地性现象可不考虑,等值线分析要平滑;

② 保持每张图的连续性;

③ 在中小尺度系统中地转关系不好,允许风场和气压场有一定夹角。

(3) 分析步骤

① 分析天气区,大致确定飑线的位置;

② 浅描等压线;

③ 分析等温线;

④ 描实等压线。

六、思考题

(1) 江苏地区 5 月 30 日 08 时是属于哪种类型的雷暴形势? 未来 12 h 内该形势能否维持?

(2) 此次高压降温主要发生在冷涡的何部位?

(3) 南京地区稳定度演变如何? 水汽条件是否有利于雷暴发生? 抬升力条件是否具备? 5 月 30 日下午能否发生雷暴?

(4) 飑中系统的温、压场有何特征?

参考文献

1. 寿绍文,等.天气学分析[M].北京:气象出版社,2006.

2. 伍荣生,等.现代天气学原理[M].北京:高等教育出版社,1999.

3. 林春育,等.天气学实验与诊断分析[M].南京:南京大学出版社,1991.

4. 乔全明,等.天气分析[M].北京:气象出版社,1990.

5. 朱乾根,等.天气学原理和方法[M].北京:气象出版社,1992.

6. 钱贞成,何宏让,刘超,等.天气图分析与短期天气预报[M].南京:解放军理工大学气象学院,2008.

7. 陈联寿,丁一江.西太平洋台风概论[M].北京:科学出版社,1979.

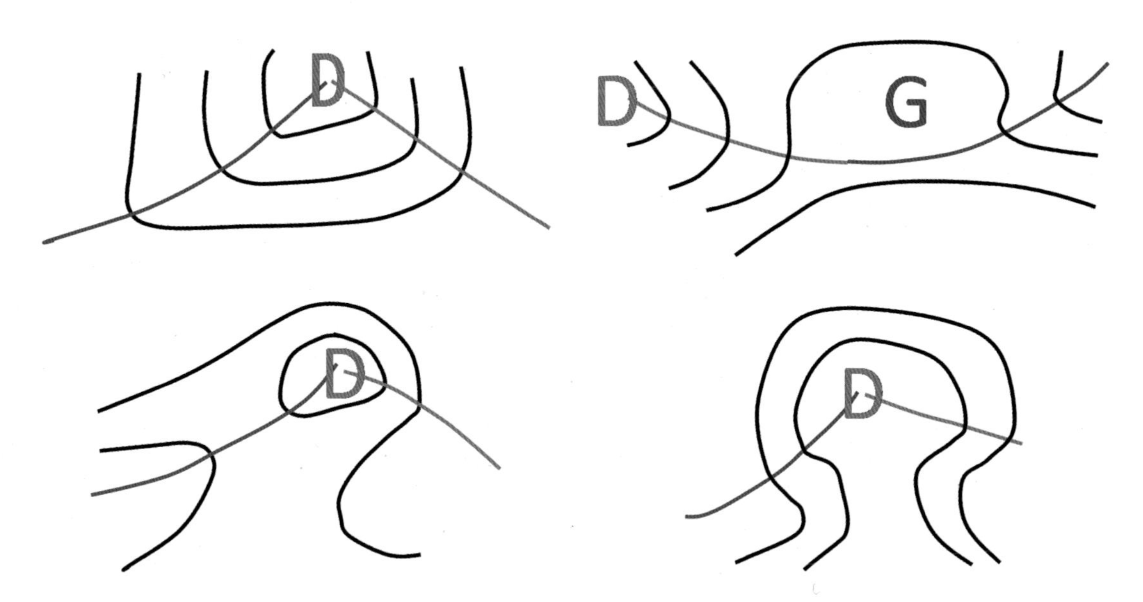

图1-10　等压线通过锋面的几种正确画法

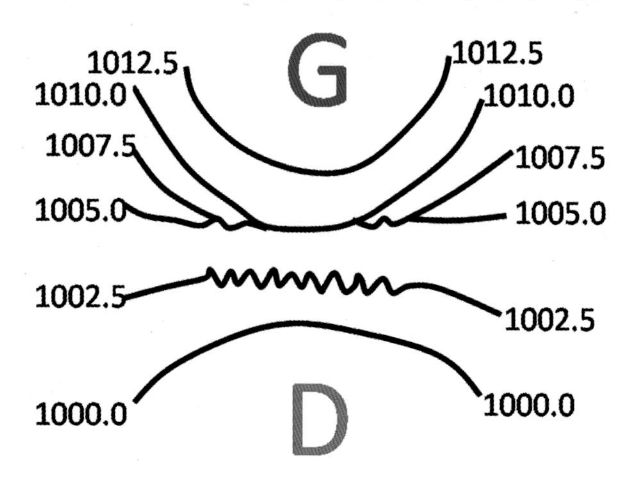

图1-11　地形等压线示意图

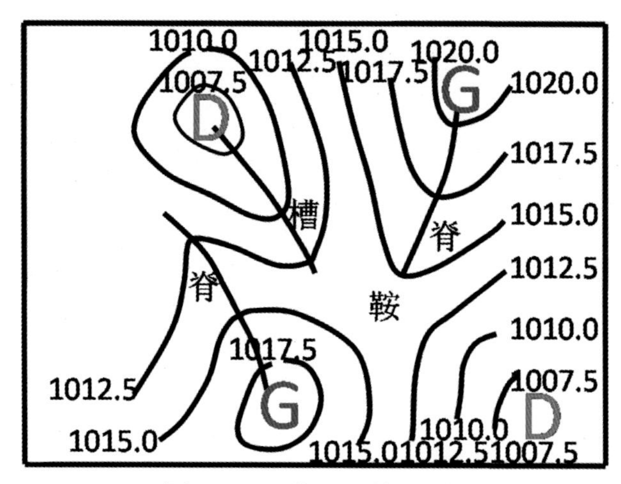

图1-13　海平面气压场

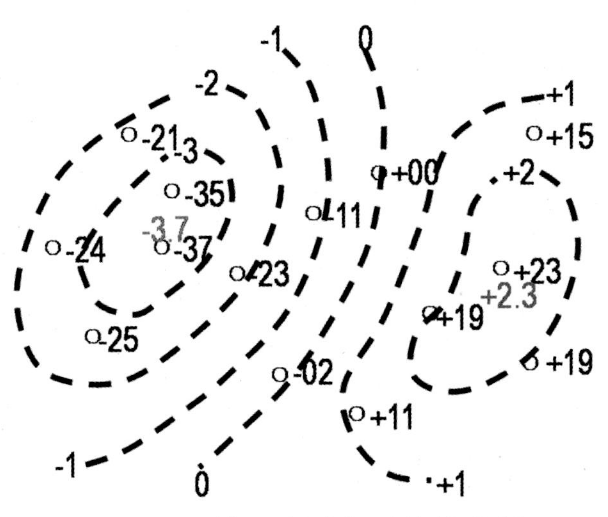

图1-14　等三小时变压线的分析

表1-2　天气区的分析方法

	成片的	零星的	颜色
连续性降水		， *	绿色
间歇性降水		， *	绿色
阵性降水			绿色
雷阵雨			红色
雾			黄色
沙（尘）暴			棕色
吹雪			绿色
大风			棕色

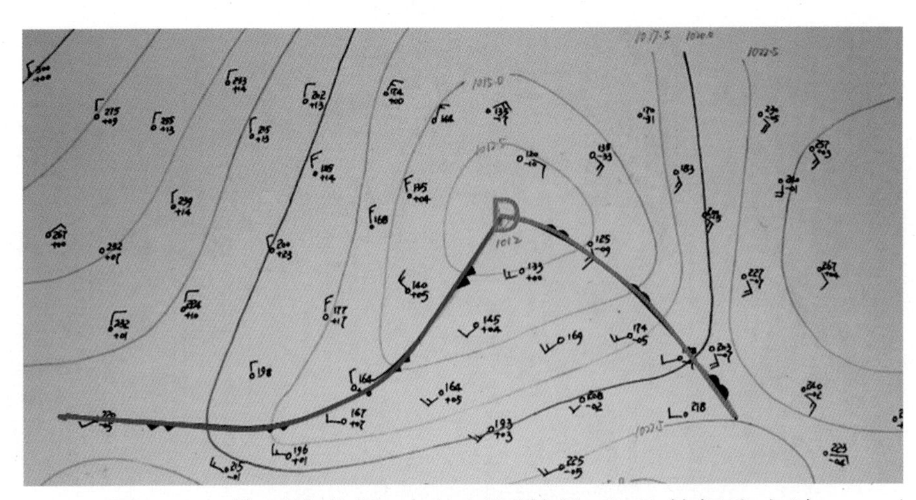

图1-18　等压线分析1中的低压符号“D”的标注方法

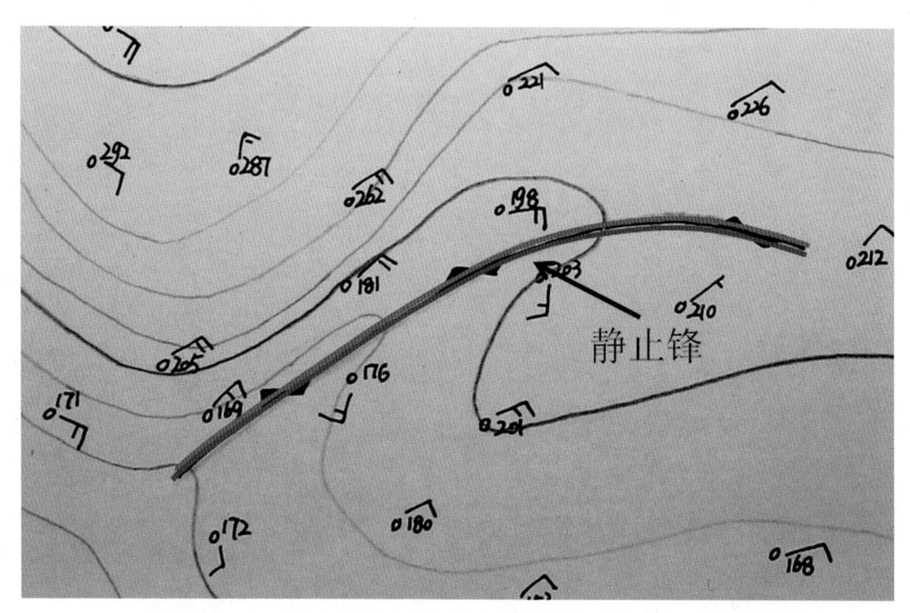

图1-20　等压线分析2中的静止锋的标注方法

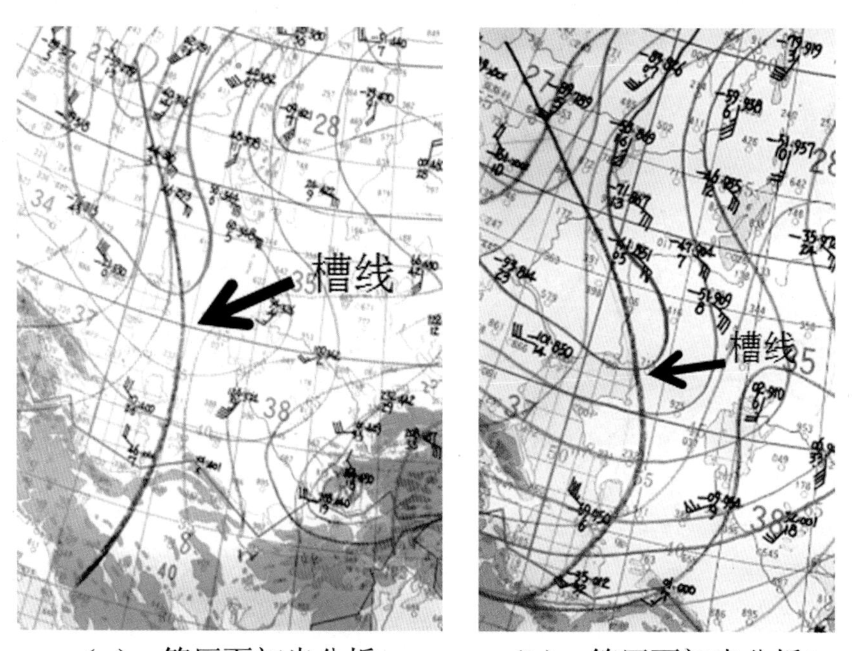

（a）　等压面初步分析1　　　　　　（b）　等压面初步分析2

图2-13　等压面分析中东欧附近槽线的分析方法

表3-1　地面图上锋的分析符号

锋的种类	分析图上的颜色	单色印刷图上的符号
冷锋	蓝色	
暖锋	红色	
准静止锋	蓝红双色	
暖性锢囚锋	紫色	
冷性锢囚锋	紫色	
锢囚锋（性质未定）	紫色	

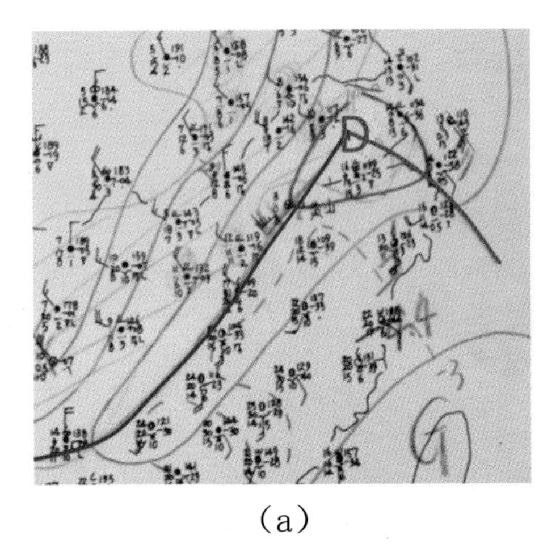

(a)

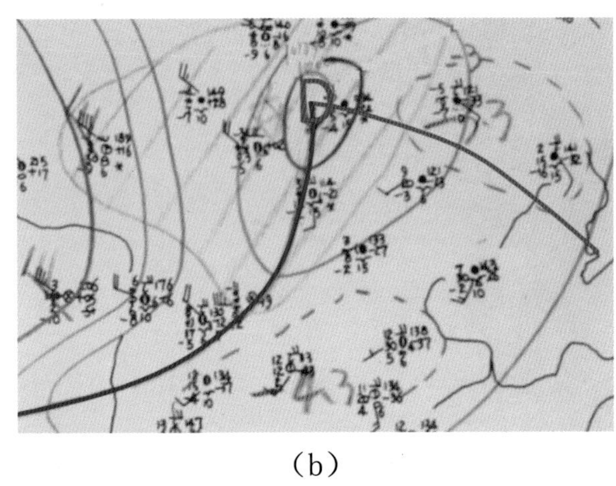

(b)

图3-5　锋面初步分析1

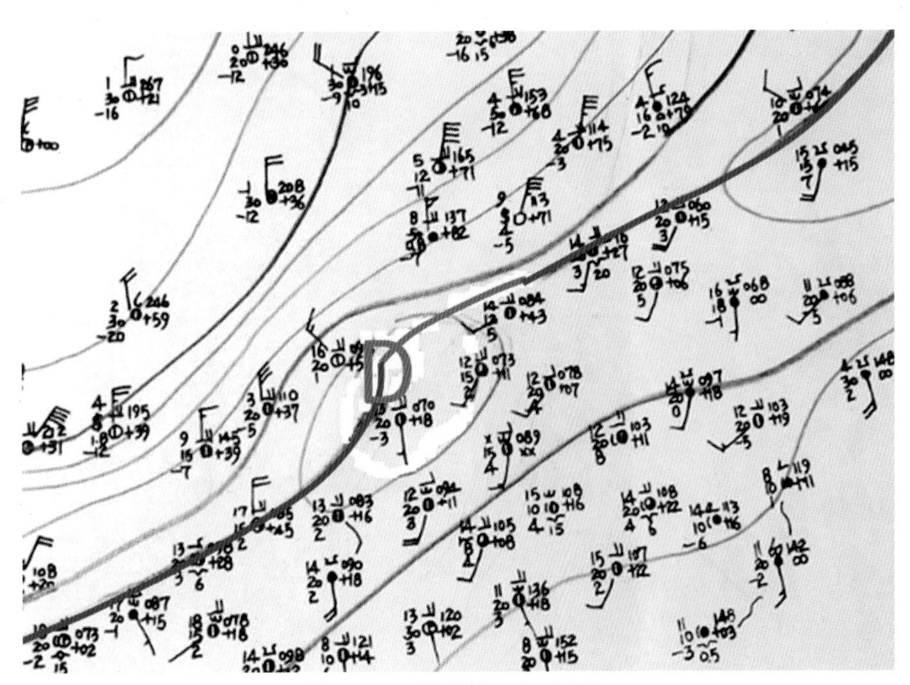

图3-6　锋面初步分析2

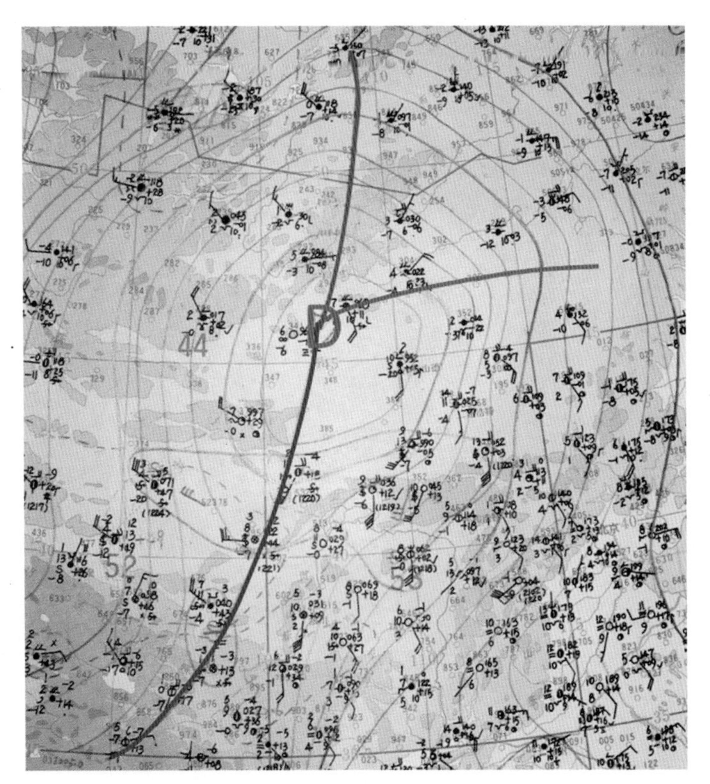

图5-27　北方气旋天气过程分析4

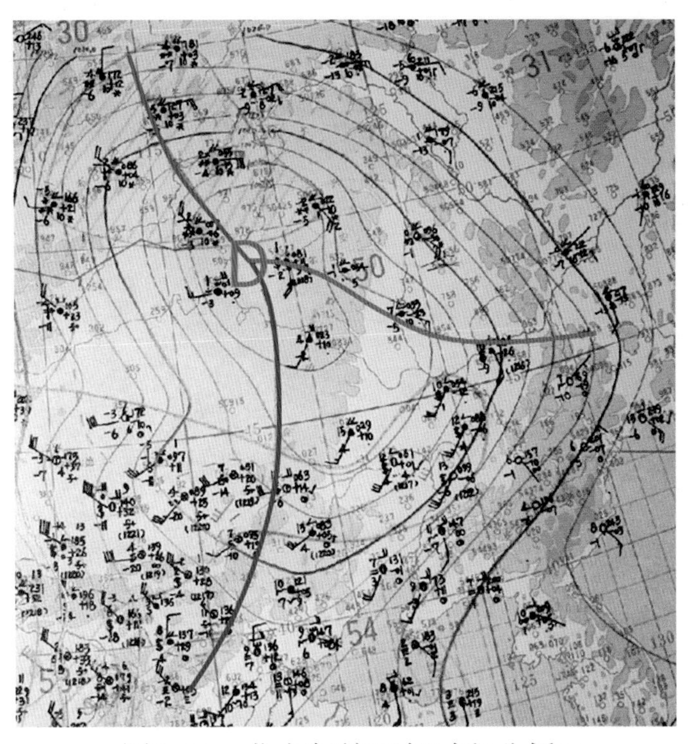

图5-28　北方气旋天气过程分析6

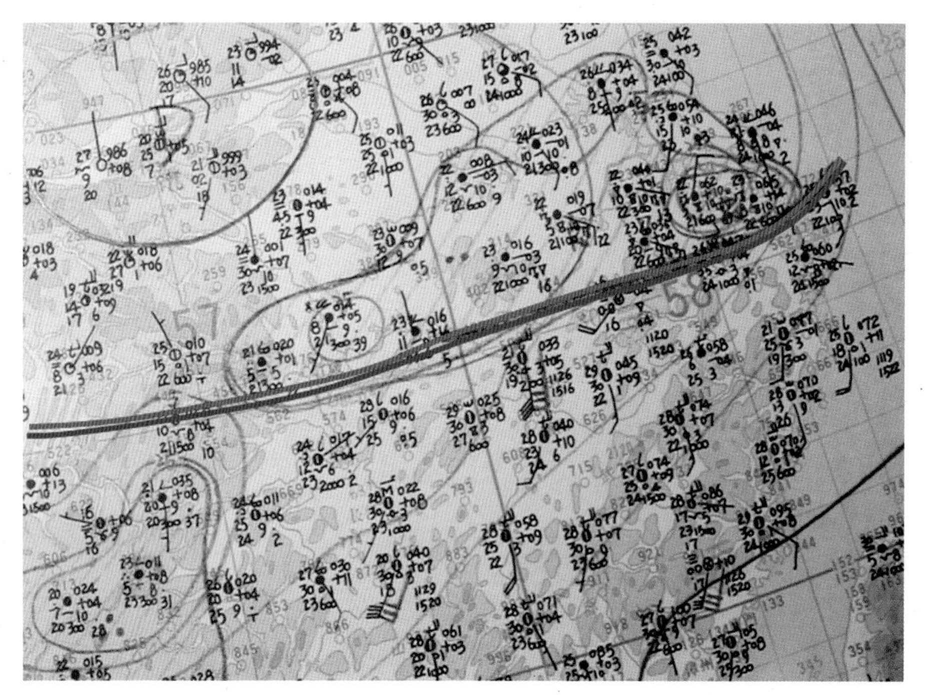

图7-5　梅雨天气过程分析3

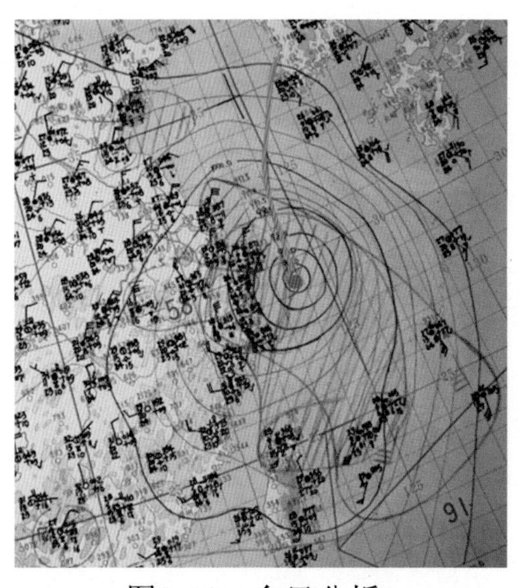

图8-19　台风分析1

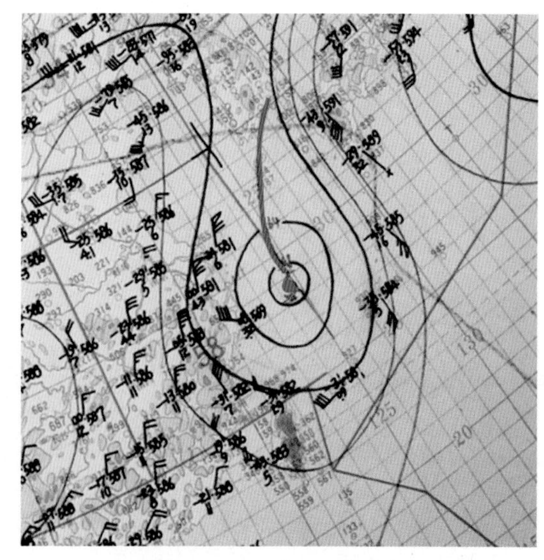

图8-20　台风分析2